具身认知

身体如何影响思维和行为

HOW THE BODY KNOWS ITS MIND

The Surprising Power of the
Physical Environment to Influence
How You Think and Feel

[美] 西恩·贝洛克（Sian Beilock） ◎著

李 盼 ◎译

机械工业出版社
CHINA MACHINE PRESS

图书在版编目（CIP）数据

具身认知：身体如何影响思维和行为/（美）贝洛克（Beilock, S.）著；李盼译.—北京：机械工业出版社，2016.5（2025.3重印）

书名原文：How the Body Knows Its Mind: The Surprising Power of the Physical Environment to Influence How You Think and Feel

ISBN 978-7-111-53778-6

I. 具… II. ① 贝… ② 李… III. 认知心理学 IV. B842.1

中国版本图书馆CIP数据核字（2016）第103831号

北京市版权局著作权合同登记　图字：01-2016-0503号。

Sian Beilock. How the Body Knows Its Mind: The Surprising Power of the Physical Environment to Influence How You Think and Feel.

Copyright © 2015 by Sian Beilock.

Simplified Chinese Translation Copyright © 2016 by China Machine Press.

Published by arrangement with Atria Books, a Division of Simon &Schuster, Inc through Bardon-Chinese Media Agency.

This edition is authorized for sale in the Chinese mainland (excluding Hong Kong SAR, Macao SAR and Taiwan).

No part of this book may be reproduced or transmitted in any form or by any means, electronic or mechanical, including photocopying, recording or any information storage and retrieval system, without permission, in writing, from the publisher.

All rights reserved.

本书中文简体字版由Atria Books, a Division of Simon & Schuster, Inc通过Bardon-Chinese Media Agency授权机械工业出版社在中国大陆地区（不包括香港、澳门特别行政区及台湾地区）独家出版发行。未经出版者书面许可，不得以任何方式抄袭、复制或节录本书中的任何部分。

具身认知：身体如何影响思维和行为

出版发行：机械工业出版社（北京市西城区百万庄大街22号　邮政编码：100037）

责任编辑：冯语嫣　　　　　　　　　　　责任校对：董纪丽

印　　刷：保定市中画美凯印刷有限公司

版　　次：2025年3月第1版第17次印刷

开　　本：170mm×242mm　1/16

印　　张：12.25

书　　号：ISBN 978-7-111-53778-6

定　　价：59.00元

客服电话：（010）88361066　68326294

版权所有·侵权必究
封底无防伪标均为盗版

前　言
◆大脑之外改变大脑之内

我正在一片树林中全速奔跑，右脚突然踢到了前方从地面突起的大树根。幸好我的同伴领先于我，由于我远在他的视野之外，所以他没看见我跌倒的样子。为了更好地享受这次 5 英里⊖长的跑步，我们选择了一条蜿蜒的泥路，我们几乎就要跑完了，只剩下几个转弯就能到达汽车停放的位置。

我挣扎着想要站直，但是我根本办不到。想要平稳着地是不可能了。随着眼中的树歪向一边，我倒下了。我的手先着地，然后是右臂，接着"砰"的一声响，我身体的其余部分也摔在了地上。在几秒钟的时间内一切都停止了，之后我才搞清楚自己没有缺胳膊少腿。因为腿上只流了一点儿血，所以我站起来又开始奔跑。我感到自己怦怦的心跳，沉重的呼吸回响在胸膛里，我又跑起来了，而且能看到远处的同伴。几个转弯之后，棕绿色的树木逐渐退去，停车场逐渐清晰了起来，阳光照耀在反光的水泥地面上，一辆蓝色宝马停在停车场的最远处。我的同伴罗尔夫已经开始擦身上的汗，并且喝起了他存在车中的瓶装水。当我走向他的时候，为了摆脱疼痛并掩饰痛苦，我更加挺直了一些，同时露出了最灿烂的微笑，尽可能让自己看起来更自信。

⊖　1 英里约合 1.6 千米。

和一位素不相识的人一起跑步总是一件让人头疼的事儿，特别是当你的跑步同伴要决定是否会给你一份工作的时候。一周以前，我收到了一封来自佛罗里达州立大学罗尔夫·兹万（Rolf Zwaan）教授的邮件，我正准备去这所大学面试我第一个重要的助理教授职位。罗尔夫询问我是否愿意在面试之前的晚上跟他在 Elinor Klapp-Phipps 公园一起跑步，那里是附近的一处自然保护区。他建议说，因为我的飞机来得比较早，所以这是一项可以打发时间的活动。说实话，我头脑中的第一个想法是："绝对不要。"如果有人要在接下来的两天里评价我的举手投足、一言一行，在规定时间外我愿意和他再多相处一会儿吗？但是我思考得越多，和他一起跑步的建议就变得越有吸引力。面试是一个久坐的过程，一整天都要坐着迎接一场接一场的会面，所以任何能进行锻炼的机会似乎都是不容错过的。对我而言，让身体活动起来似乎总能让精神也变得更积极，而且户外运动会让我感觉更敏锐。正如诗人和散文家拉尔夫·瓦尔多·艾默生（Ralph Waldo Emerson）所写的："健康的眼力似乎需要一条地平线。只要我们能看到足够远的地方，就不会疲惫。"最后，我希望能在跑步的过程中了解更多关于罗尔夫正在从事的绝妙的研究。

　　罗尔夫想要理解人是如何思考的。我当时刚刚读了一篇他的论文，他认为我们的"思考"方式和计算机并不相同，我们并不是通过在大脑中操纵抽象符号而思考的。当我们阅读一篇故事的时候，我们的大脑会重新激活过往经历留下的痕迹，从而赋予页面上的词语意义，这几乎就像是在头脑中模拟自己处于故事当中的情景一样。为了支持这个论点，罗尔夫和他的学生们做了一系列具有独创性的实验，他们让人们阅读简单的句子，比如："鹰在天空中。"句子之后会展示一张图片，要么图片中的鹰伸展着翅膀（就像在空中飞翔一样），要么图片中的鹰的翅膀垂放在两边（正如栖息在巢中的样子）。参与实验的人会被问及图片中的物体是否在之前的句子中提到过。罗尔夫预测，如果我们是通过在头脑中把自己置身于故事之中来理解问题的话，也就是说我们会召唤过去相关的视觉、动作，甚至情感信息，那么我们就会自然而然地考虑鹰的形态，然后快速对应到符合句子中暗示的形态的鹰：我们读到过鹰在飞翔时翅膀是伸展的，而在巢中时翅膀是垂落的。这就是罗尔夫的发现。[1]

罗尔夫的工作指出了一种重新审视"思考"的方式：论证"思考"呈现了一种对过去发生过的类似身体体验的重新经历。这就意味着我们的大脑可能无法明确地区分过去的记忆和现在的体验。换句话说，我们的神经硬件可能无法清晰地区分想法和行动，所以我们也许可以利用身体和实体环境让精神变得更加敏锐。在公园中跑步后的第二天，我情不自禁地考虑了所有能影响面试是否成功的因素。我意识到，很多在大脑皮质之外的因素影响了大脑之内的思考。

这本书讲的就是那些能够影响头脑中内容的外在因素。举例来说，我的大脑在面试期间的思考方式就被前一天的跑步影响了。没错，锻炼确实让我的思维更敏锐了，但是置身于树林之中也改变了我的想法：在跌倒之后强忍疼痛让身体不要倒下的行为实际上让我感觉更好。不管我们是谁，婴儿、孩子、成人、运动员、演员、CEO，或者是你，脖子以下进行的动作会对脖子以上进行的思考造成强烈的影响。对于我们的大脑来说，身体和头脑之间的界限并不明确。这本书将解释如何利用这条可以渗透的界限，通过身体来改善头脑。

现在有很多书详细地讲解了我们思考和推理的方式，从丹·艾瑞里（Dan Ariely）的《怪诞行为学》（*Predictably Irrational*）到丹尼尔·卡尼曼（Daniel Kahneman）的《思考，快与慢》（*Thinking, Fast and Slow*）。但是几乎没有哪本书考虑了身体对于思考和决策的影响，或者更重要的是，我们如何能够利用身体来改变我们以及我们身边人的想法。我们通常都不会把自己的想法和感受与身体相联系。但是简单来说，当孩子们可以利用身体作为获取信息的工具时，他们就会学得更好。对于婴儿和处于学龄期的人来说都是如此。比如，在婴儿学会走路之前，把他们放进学步车里，不仅会延迟运动发育，而且还会延迟他们的认知发育。练习书写字母实际上能够帮助孩子阅读。当你把数学概念和实体名词相关联时，比如"把钱放进小猪银行"或者"把你一半的饼干分给你的妹妹"，孩子们就能更好地理解数字。身体和头脑之间的紧密联系也是音乐天赋和数学天赋总是同时出现的原因。控制手指的能力和在大脑中处理数字的能力拥有共同的神经实体，这也是科学家们提出学钢琴的理由之一，通过弹钢琴提高手指灵活度会让孩子在数学计算中的表现更出色。

随着学生的考试成绩变得越来越重要，管理者为了让孩子们老实地坐在椅子上，减少了音乐、休息、玩耍的时间。但其实这是一个糟糕的方法，因为孩子们通过活动会学习得更好。我们的所思所想和我们的身体及环境有着密切的联系。偶尔的动手活动无法弥补我们教育上的缺失，也无法补救美国在数学教育和阅读教育水平上下滑的全球排名，但是认识到身体在塑造头脑上的意义可以帮助我们构建成功的学校，帮助孩子们尽其所能地思考与学习。现在美国学校的制度实际上阻碍了孩子们的思考和学习。事实上，现今的久坐式工作场所，以及久坐式生活方式，让成人也无法更好地思考和表现。

古希腊人把人的身体看作存放思想的寺庙，他们认识到头脑健康与身体之间的联系。引申开来，身体所处的环境也是值得注意的要点。我会告诉你通过锻炼可以获得心智力量，也会向你展示为什么以身体为中心的冥想可以帮助你提高在工作中专注的能力。你还会遇见一位研究者，他发现市中心项目中的绿地会减少家庭暴力。然后你将学习到如何利用自然的力量来更加清晰地思考和自我控制。

你的身体会帮助你学习、理解，同时弄明白我们所处的世界。身体甚至能够改变你的想法，无论你是否知晓。生产保健产品、零食，以及饮料的公司，比如宝洁和可口可乐已经弄明白了这一点，它们利用和身体影响有关的科学信息来说服我们购买它们的产品。像谷歌这样的公司理解身体对于思考和创造力的重要性，所以鼓励员工们站起来运动，走出去锻炼。当你的身体可以跳出常规时，你的思想也会冲破条条框框。

你的脸除了表达情绪之外还有更大的意义，它会对你在头脑中如何表达和记忆情绪造成影响。皱眉和微笑事实上可以制造不同的感情和态度，它们并不是情绪的实体结果。用"有力姿势"站立——一种笃定的站姿，可以提高在身体和脑部循环的睾酮水平，这样做可以增加信心、提高注意力，以及加大冒着风险完成任务的意愿，这些意愿可能会帮助你在工作中获得新客户或者荣誉。

服用泰勒诺不仅可以帮助你减少身体上的疼痛，还可以减轻由孤独和拒绝所造成的心理伤痛。在对你的配偶不忠之后进行淋浴，可以清洁你的身体和良心。另外，在身体上和某人亲近会让我们在心理上更贴近，也更感同身受。与之相比的是，相隔遥远会传达微妙的信号：我们和其他人之间的精神共同点更少。由此可以想到的重要一点是，我们现在越来越多地依赖于虚拟交流，这样的交流到底是让我们更贴近还是让我们彼此更遥远？为什么我们在没有人的情况下打电话还要使用手势？用身体操纵保定球——一些首席执行官放在桌子上的小金属球——是否能带来更多的创造性见地？这只是我们即将要讨论的问题的一部分，我们将会找到答案——这些答案和身体如何与环境交互以及如何响应环境有关。我们的身体在塑造精神方面有着强大的能力。我们只需要学习如何使用就可以了。

在我面试的几周之后，我接到了一个从佛罗里达州立大学打来的电话，说我是他们的第二人选，他们已经向别人提供了这份工作。我很失望（说得委婉一些），但是我的经历（从让我神志清醒的跑步，到了解了关于身体如何影响思考的惊人研究）让我明白了成功不仅倚仗于头脑中的思考。我意识到我们身体之外的世界对于头脑中的内容有着强大的影响。我还有四场面试，我决定把这些新知识作为我的优势。在接下来的几周时间我飞到亚特兰大的佐治亚理工大学、匹兹堡的卡内基·梅隆大学、辛辛那提的迈阿密大学以及格林斯博罗的北卡罗来纳大学参加面试。在每次面试中，我都会用到这个新发现：身体和环境会对想法和表现造成巨大的影响。无论这个影响是飞机降落当晚的跑步，还是早晨第一个会面之前在公园中的漫步，或者仅仅是在我的研究讨论过程中站得笔直挺拔，我竭尽所能地运用了身体和头脑之间这条可以渗透的界限。

当然，任何参与过面试的人都知道，雇用一个人是多么个性化的决定，很多似乎和候选人表现不相干的因素都可能会影响最后的决策。但是我相信在这些面试中为我增加优势的是，我利用了身体和环境的力量。最后，我得到了所有这四份工作的邀请。

我希望在你和我一起探索这个身体和精神研究的富饶领域时，我讲的故事也会帮助你找到改善生活和工作的方法。

目 录

前言　大脑之外改变大脑之内

第1章　皱纹没了，忧愁也没了
　　　　情绪原来扎根在身体里　// 001

第2章　手指灵活，数学也强
　　　　运动体验如何提升认知能力　// 014

第3章　跳跳舞，学数学
　　　　身体参与如何帮助头脑理解　// 030

第4章　久坐无创新
　　　　运动是如何激活创造力的　// 046

第 5 章	右手＝好事，左手＝坏事
	身体语言如何帮助我们思考
	和交流 // 059

第 6 章	能说对，才能听懂
	用身体理解别人 // 078

第 7 章	母亲抑郁，婴儿沮丧
	与他人产生共鸣 // 097

第 8 章	被别人拒绝，身体也会疼
	社交温暖的根源 // 112

第 9 章	有氧运动铸就最强大脑
	锻炼如何帮助身体和精神 // 129

第 10 章	冥想 5 分钟，专注一整天
	以身体为中心来冷静大脑 // 145

第 11 章	绿地绿地，恢复脑力
	自然环境如何让思维更敏锐 // 160

结语　用身体来改变头脑　　　　　　　　　// 176

注释[一]

[一] 该部分内容可登录 course.cmpreading.com 查询。

第1章

皱纹没了，忧愁也没了
情绪原来扎根在身体里

  肉毒杆菌中的有效成分是一种神经毒素，被注射了这种毒素的肌肉会麻痹。当人们为了眉间纹而使用肉毒杆菌时，他们发现不仅皱纹消失了，眉间纹所产生的不快或愁苦的表情也随之消失了。

据估计，每 15 个美国成年人中就有一个（也就是 2100 万人）患有抑郁症。我们大多数人有时会心情沮丧，但是抑郁是一种持续性的悲伤感受，它会影响你的思考、你的感受、你的行为。对于患有重度抑郁症的人来说，一切都是灰色的，生活无望，没有什么值得留恋。

虽然最近我们对于大脑的内部活动又有了新的理解，但是仍然没有发现对每个人都有效的抑郁症治疗方法。心理治疗和百忧解这样的药物已经帮助了上百万人缓解抑郁症，却无法帮助到更多的人。令人遗憾的是，有些人的抑郁症对于治疗具有抵抗力。

然而，稍加考虑我们就会发现，几乎所有已有的抑郁症治疗方式（无论是疗法还是药物）都是以医治大脑为目标的。是否有一种方法可以不通过大脑皮质，而是通过改变身体来缓解抑郁症呢？对于一种根植于精神上的疾病来说，似乎关注身体并把其作为解药是一件很奇怪的事，但是最新的科学研究发现，身体对于我们的心理状态有着强大的影响。

我们来看看劳拉的例子。劳拉是一个聪明上进的 22 岁女孩，她刚刚从一所著名的常青藤大学毕业，并且在一家位于曼哈顿的顶尖公关公司得到了第一份工作，但是她的未婚夫布莱恩却在一场车祸中去世。劳拉遭受了极大的打击。

布莱恩和劳拉是高中同学。他是她第三个亲吻的人，也是她的初恋。虽然他们在大学时分隔两地，身处美国的两端，但是他们的关系却从来没有中断过。布莱恩是她的家人，也是她的另一半，正当他们刚刚搬到一起，在他们的第一间公寓生活了 3 周之后，也就是他们开始策划预计在夏末举行的婚礼时，布莱恩离开了这个世界。

在她的未婚夫意外死亡几个月之后，劳拉想要重新找回自己的生活。为了换个环境，她租住了一间新公寓，甚至参加了热心的朋友为她组织的相亲活动。但是她的心不在这里。当她的朋友们开始忙于自己的生活时，劳拉却整日沉浸在绝望之中。她经常哭泣，起床对于她来说很困难，特别是在节假日，因为在这个时候没有人需要她出现在任何地方。她的体能和注意力都大大减弱，跟家人和朋友也越来越疏远。她和别人的不同显而易见。正如伊丽莎白·沃策尔（Elizabeth Wurtzel）在她的书《少女初体验》（Prozac Nation）中对自己抑郁的描绘，抑郁是这样来临的：慢慢地，然后突然一击。在某一天的早上劳拉醒来，很害怕那天可能会发生的事，她不敢再继续生活。所有的一切都是黑暗的，她找不到任何一件能让她高兴的事。终于有一天她母亲建议她去看精神病科医生，不出意料，这位医生诊断她患有重度抑郁症。

劳拉开始服用百忧解，并且每周进行心理治疗。最开始，药效惊人地好。劳拉无法相信她竟然感觉好多了。她在工作上更有精力、更有干劲，也重新开始和朋友们见面，她对生活又重新燃起了兴趣。但是随着时间推移，为了抗拒抑郁症，她必须要加大百忧解的服用剂量，最终药效似乎完全消失了。劳拉的医生开始给她用另外一种药，但是这次她的抑郁没有得到缓解。几年之后，她不再服药，也不再接受心理治疗。她陷入了困境。随后，她听说肉毒杆菌可以用来缓解抑郁。

抑郁的人通常可以通过面部表情识别出来：蹙额皱眉，向下弯的嘴角。当像劳拉这样的病人来到整形外科医生库尔特·卡瓦诺（Kurt Cavanaugh）的办公室时，他能马上注意到这样的面部特征。在未婚夫出事两年后的一个凉爽的秋日，劳拉去找卡瓦诺寻求肉毒杆菌治疗。

肉毒杆菌中的有效成分是一种神经毒素，被注射了这种毒素的肌肉会麻痹。当人们为了眉间纹而使用肉毒杆菌时，他们发现不仅皱纹消失了，眉间纹所产生的不快或愁苦的表情也随之消失了。医生相信阻止负面情绪的外在表露会改变内在的负面体验。换句话说，特定的身体活动（或没有特定活动）能够帮助改变情绪的精神体验。在几起病例中卡瓦诺偶然发现，使用肉毒杆菌治疗之后的病人和没有使用肉毒杆菌的病人相比，似乎更积极了。当然，这些差异可能是由于接受治疗者的魅力值增加所造成的。

保持青春对于好莱坞的演员来说是一种巨大的压力,所以他们必须要反复使用肉毒杆菌。但是过多的肉毒杆菌会让脸部和内在感觉僵化。对于演员来说,这可不是个好消息,演员需要表达情感,但是像劳拉这样患有重度抑郁症的病人则没有这方面的问题。举个例子,媒体曾报道妮可·基德曼由于使用肉毒杆菌导致脸部僵化;当她因为在《时时刻刻》中的表演而获得奥斯卡奖的时候,这种表现十分明显。她当时很明显在哭,但是脸上的肌肉却一动不动。演员的情绪表达会让他们的表演在观众面前更可信,同时也会帮助他们从内在体会所扮演的角色的感受。18世纪的德国哲学家莱辛写道:"我相信当一个演员深入剧本进入角色之后,这位演员感受到的所有身体变化会教给他一种特定(内在)状态的表达,对于这种感觉的观感会自然而然地引发演员心灵上的某种状态,该状态与演员的动作、姿势,以及声调相符。"[2] 对于需要令人信服地抒发感情的演员来说,肉毒杆菌并不合适,但是肉毒杆菌可以通过阻隔身体的情绪表露来帮助抑郁的人压制自己内心的悲伤感受。

这样的想法似乎很奇怪:外在表现会影响我们的内在状态。毕竟我们趋向于认为精神控制身体,而不是身体控制精神。但是从身体到精神确实存在直接的连接。举个例子,当要求某人把高尔夫球钉夹在眉毛中间时,此人就必须皱眉,参与此实验的人反映他们的情绪受到不好的影响。[3] 同样,当人们把铅笔衔在紧闭的嘴唇中间,面部表情不太愉悦时,再让他们去看故事片、图片、卡通片,他们就觉得不那么好笑了。相反的例子也同样适用:当你用牙叼着铅笔然后不得不微笑的时候,你会感觉更高兴。不光面部表情会向大脑传送关于感觉和情感的反馈。当你以消沉的姿势坐着的时候(与笔直、肩膀向后的姿势相反),就不会有平时那样的成就感,就像你刚刚在考试或者演讲中表现的那样。只要做出开心或者难过的姿势,或者表现出自信或焦虑的态度,就会向大脑传递我们所处的情绪状态。

我们的面部表情同样也会影响我们对于压力的反应。用几分钟的时间把手沉浸在冰水中并且微笑可以减少压力，相对于不微笑，微笑加冰水会让人更快地从痛苦的事件中恢复过来。[4] 也许"微笑着忍受痛苦"这句老话确实有些道理。当然，这里也有个小技巧：在你不刻意为之的情况下（并非故意微笑，而是形成了一种无意识的微笑），微笑法的效果最好。对于前者来说，大脑似乎能够明白过来，并且不把身体上的表达当作快乐的表现。但是就算是假装微笑也比什么都不做强，因为我们的神经元回路并不总能清楚地分辨什么是真的，什么是假的。甚至当你像歌词中唱的那样"伤心也是带着微笑的眼泪"到达某个程度时，你的大脑也会不自主地把你的微笑解读成一切安好的标志。

有一种相对比较新型的瑜伽叫作大笑瑜伽，或称为 Hasyayoga（"hasya"在梵文中的意思是"大笑"），这种瑜伽结合了大笑和有节奏的呼吸。大笑俱乐部就是人们聚在一起参加这种好玩活动的场所，这种活动已经从印度发展到了芝加哥。一开始的强制性大笑从某个时间点开始，忽然变得自发而有感染力。大笑不仅有生理上的好处（腹部肌肉得到锻炼并且增加肺活量），也有心理上的好处。大笑使我们的心情变得愉悦，因为我们的身体和头脑之间存在着直接的联系，身体让我们知道该如何感受。

在电影《欢乐满人间》（*Mary Poppin*）中，阿尔伯特叔叔（由埃德·温（Ed Wynn）饰演）飘浮到了书房的屋顶，因为他整个人都在情不自禁地大笑，并唱了一首名为"我爱笑"的歌曲。阿尔伯特叔叔的反重力现象明显加入了某些艺术虚构，但是这里面也有一些真实的成分：大笑确实能让我们的情绪变得更轻盈。大笑的身体对于负面情绪和压力来说是很不友好的宿主。现在甚至还有了"世界大笑日"——五月的第一个星期天，如果你愿意的话也可以参与进来。

如果你的身体无法参与这些情绪体验该怎么办？事实上，对于一些不幸患有一种被称为麦比乌斯综合征的先天性神经障碍的人来说确实如此。麦比乌斯综合征让人无法活动面部肌肉；他们无法微笑、皱眉、做鬼脸，甚至无法眨眼。患者的感觉就像是"活在精神的生活中"，一个病人说："我……想快乐或想悲伤，却并没有……真的感觉快乐或悲伤。"[5] 患有莫比乌斯综合征的病人无法让自己的脸表达特定表情，他们很难向其他人表达自己，而且自己也很难感受到情绪。

为了治疗劳拉的抑郁症，卡瓦诺认为通过使用肉毒杆菌避免皱眉可以制造出一种人为的莫比乌斯综合征，至少可以阻隔负面情绪。他选择注射的肉毒杆菌会在她眉间的皱纹、鼻上的皱纹，以及眼睛之间的皱纹上起作用，这些皱纹会表达诸如悲伤、愤怒，以及忧愁的情绪。但是在为她注射之前，卡瓦诺要求劳拉完成一份评估抑郁症的常见心理测试——白式抑郁症量表[6]，这份测试会评估抑郁症状的严重程度，比如绝望和易怒程度。做这个测试的人必须要选择最贴近他们在两周之内的感受的描述。一共有21个问题。这里有一些例子[7]：

不快乐

0 我没有感觉不快乐。
1 我感觉不快乐。
2 我不快乐。
3 我不快乐到无法忍受的程度。

活动水平的改变

0 我没有感觉到任何活动水平上的改变。
1 我不像平时那么活跃了。
2 我的活动水平比平时低很多。
3 我在一天中大部分时间都不活跃。

得分13分或以下，代表此人经历的是正常的情绪起伏（在大部分问题中选择0或者1的人）。29分或以上代表严重的抑郁状态。劳拉得了42分。

接下来的过程只用了几分钟时间，卡瓦诺在劳拉两眼之间的几处位置以及额头处注射了肉毒杆菌。你只需要紧蹙额头，让眉毛皱起就会发现他的目标位置在哪里。

在接受肉毒杆菌治疗的两个月之后，劳拉的抑郁症完全消失了。考虑到她的生活并没有出现大的改变，卡瓦诺认为最合理的猜测就是：她情绪的改善应归功于肉毒杆菌。

肉毒杆菌的工作原理是阻碍乙酰胆碱（一种神经递质）从神经到肌肉的扩散。乙酰胆碱帮助信号从大脑传递到肌肉，让肌肉知道何时应该紧张。当乙酰胆碱的流动被阻挡，或至少大幅度降低之后，就不再有人告诉肌肉该何时收缩，于是它放松了。这就是被肉毒杆菌注射过的皱纹都平滑并软化的原因：它们没有收到要收紧的信息。一段时间之后，乙酰胆碱确实又回来了（一般的肉毒杆菌疗程通常持续4～6个月）。肌肉又开始收缩，皱纹再次出现。这是个坏消息。但是好消息是在使用肉毒杆菌后，皱纹会变得没有那么明显，因为肌肉已经被"训练"得更加放松了。也许这就解释了为什么当劳拉回到卡瓦诺那里接受第二次治疗的时候，她的眉间纹没有第一次治疗时那么明显（她的抑郁症状也没有那么显著）。因为肉毒杆菌可以永久性地重新训练肌肉，所以做进一步治疗的需求也就大大减小了。

肉毒杆菌同时也被美国食品和药物管理局批准为治疗慢性偏头痛的药物；每隔大约12周进行一次头部或颈部注射，可以帮助缓解头疼症状。[8]甚至腋下过度出汗都可以通过在腋窝中注射肉毒杆菌而得到治疗。[9]偏头疼和出汗既有生理原因，也有情绪原因。劳拉的故事说明肉毒杆菌可以在缓解抑郁症的同时改善心理健康，虽然有重要的一点需要指出：劳拉知道自己为什么需要肉毒杆菌治疗，同时也期待治疗会有效，就像是百忧解最初也是有效的。但是肉毒杆菌让她的抑郁症不再复发，所以说，将劳拉在心情上的改变仅仅归功于她对治疗的希望和期待是不可能的。

劳拉的经历并不是侥幸。几年前一组英国的心理学家追踪了一些最近做过整形治疗的人。科学家们的关注点在于做过整形治疗的人之间的情绪对比，他们对比了为了祛除眉间纹而接受肉毒杆菌注射的人（和劳拉接受治疗的面部位置相同）和接受其他治疗的人的情绪，比如用肉毒杆菌治疗鱼尾纹、化学换肤，以及使用玻尿酸丰唇的人。研究者们曾推测：如果无法皱眉能让人心情更好的话，那么接受眉间纹注射的人相对于接受其他整形治疗的人就会有心情上的改善。这恰好就是他们发现的结果。减少消极的面部表情，特别是皱眉，似乎能够对情绪造成积极的影响。[10]

另外一个能够证明肉毒杆菌对精神改变的有效性的例子来自心理学家大卫·哈瓦斯（David Havas），他专门研究情绪对人们的思维和感受造成的影响。哈瓦斯和他的同事阿特·格伦伯格（Art Glenberg）以及理查德·戴维森（Richard Davidson）为初次接受肉毒杆菌治疗的人提供了好处——如果他们同意在手术前后参与实验就可以获得50美元用于治疗的优惠。在手术前后，志愿患者只要阅读一些描述正面和负面场景的句子就可以了：

"你搭起了通往你爱人公寓的梯子。"（快乐）
"你在生日当天打开收件箱，发现里面没有新邮件。"（悲伤）
"和那个偏执狂打完架后你蹒跚离开，使劲关上了车门。"（愤怒）

在志愿者不知情的前提下，研究人员记录了他们阅读不同句子的时间。通常来讲，阅读不熟悉事件的时间要长于阅读熟悉事件的时间，同样，当你阅读不理解的内容时花的时间也会更多。所以阅读时间就能反映出这些信息和你个人经历的吻合度——也就是说，在多大程度上你能和你读到的情感产生共鸣。

研究人员发现患者在肉毒杆菌治疗前后阅读快乐句子的时间大致是相同的。但是，在治疗之后他们阅读悲伤或愤怒句子的速度却大大慢于治疗之前。肉毒杆菌完全没有改变他们对句子的理解，但是却增加了阅读和理解负面信息的时间。

根据哈瓦斯和他的同事的研究，这是因为肉毒杆菌不仅从表面，也从内心阻碍了人们对他们所阅读到的消极情境的体验。这就是为什么肉毒杆菌治疗通过阻止人们皱眉就能帮助他们减轻抑郁：当你无法做出消极的面部表情时，你就无法像以往那样感受不快或悲伤的想法。[11]

这种面部反馈是如何工作的呢？一种解释是当我们阅读甚至想到带有情绪的事件时，我们会在精神上重新体验以前类似情况下的感受。换句话说，当我们看、听、读，甚至想到任何不好的事情时，我们自己就会"体验"这样的经历。这些反应不光出现在大脑中，它们也延伸到我们的面部表情和姿势上。身体的姿态反过来也会向大脑发送信号，告诉大脑我们的感受。这就是为什么当我们阅读一则悲伤的故事或者观看悲伤的电影时，总会把情感表现在脸上。但是当我们无法感受到这种经历时——当脸部没有发出能够改变想法的反馈时——情感的处理过程就被阻碍了。解读情感信息的重要一环就消失了。

抑郁的人经常都是愁眉苦脸的，让他们无法像平时那样皱眉就能帮助他们获得更好的情绪。长时间内无法形成消极面部表情——蹙额或皱眉——事实上似乎能改变大脑记录负面情绪的方式。人们在使用肉毒杆菌来祛除眉间纹后，他们涉及处理情感的神经中枢的活跃度降低了。在注射了肉毒杆菌之后，当这些人被要求模拟愤怒的表情时，大脑功能区比如杏仁核——一个位于大脑深处负责形成负面感受的杏仁核状区域——就没有以前活跃了。[12] 在几周的时间内无法做出悲伤或愤怒的表情会改变大脑对负面情绪体验的记录，冲淡这些记忆，让它们不再那么清晰。

一个最近在德国和瑞士进行的研究进一步证实了肉毒杆菌在缓解抑郁症状方面的能力。研究人员从当地心理诊所招募了患有重度抑郁症的男性和女性，在 16 周的时间内，他们在这些患者的脸部（眉间和额头）进行了一系列的注射。志愿者们知道他们可能会被注射肉毒杆菌或安慰剂，但是并不知道自己得到的是哪一种。这个研究的权威性在于这是一次双盲测试，也就是说不管是负责注射的医生还是患者自己，都不知道他们得到的是肉毒杆菌还是生理盐水。装有肉毒杆菌和安慰剂的注射器无法区分。实验结果是令人震惊的。在第一次治疗后 6 周，那些接受肉毒杆菌注射的人的抑郁症状（如悲伤、绝望、负罪感）的严重程度平均减少了 47%，而且在整个实验过程中，这种积极的效果一直持续。而那组接受安慰剂注射的患者并没有表现出同样显著的改善，他们的抑郁程度在整个研究的过程中都保持平稳。[13]

"如果拒绝表达一种强烈的感情，这种感情就会消亡。"现代心理学之父威廉姆·詹姆斯（William James）在 1890 年曾写道。[14] 一个世纪之后科学家们在肉毒杆菌上找到了证实詹姆斯说法的证据，而肉毒杆菌之所以流行却是因为它祛皱的功效。

面部表情不仅能表达我们的内在状态，事实上还可以影响情感在大脑中的记录方式。查尔斯·达尔文是第一批认识到身体和精神之间联系的人之一。他在《人和动物的情感表达》(*The Expression of Emotion in Man and Animals*) 中写道："一方面，如果情感的外在表现能自由展现，这将增强这种情感。另一方面，假如能够抑制住情感的外在表现，则会弱化我们的情绪。如果一个人做出暴力的姿态，他就会更愤怒；如果一个人不能控制住他所表现出的恐惧，这将会让他更害怕。"[15]

"具身认知"的新科学

达尔文认为心境和动作之间的联系就是情感的真正含义㊀，但是包括勒

㊀ 情感的英文 emotion，由 e 和动作的英文 motion 组成。——译者注

内·笛卡尔在内的其他哲学家对此却有另一番理解。笛卡尔认为精神和肉体之间存在着极大分别，精神和身体相比，是由完全不同的物质组成的。这种二元论观点，也就是我们的身体，与思考、学习、认知以及感受毫无关联，在今天仍然被广泛接受。甚至很多最近出版的脑科学书籍也都完全忽视了一点：身体在塑造精神的过程中扮演着一个具有构成性影响的特别角色。

我们的动作对于思考和推理具有很大的影响，而我们对这种影响的测量和鉴别才刚刚开始。在过去的几年中，具身认知这门科学（符合达尔文的学说）已经证明了头脑的运作和身体的感觉之间有着不可分割的关系。这门科学为我们进一步阐述了身体对我们（以及其他人）的头脑造成的强大影响。具身认知还为我们展示了动作如何影响决策的惊人发现，这些决策包括我们和谁约会以及购买什么产品。具身认知研究同时也在改变关于如何在学习和工作中获得最好表现的一般看法。

在大脑、身体以及经历（特别是感情经历）的互动中，我们的精神成形了。我们不仅仅需要身体来表达情绪，情绪本身也可以在身体中找到。这就是为什么用牙叼着铅笔，强迫你做出微笑的表情时，你的心情会更好。这也是为什么肉毒杆菌在消灭眉间纹的同时也能缓解抑郁。你脸部肌肉的姿态会向大脑发送信号，告诉大脑该如何感受。

身体和精神之间的惊人联系对我来说有着特别重要的意义。作为一位认知科学家，我的事业曾经被一种思想深深地影响，这种思想认为人的精神和身体之间存在着巨大的鸿沟，长达两个世纪的心理学和西方思想都曾被这样的思想主宰。这种精神和肉体的分割曾被比作计算机的软件和硬件。但我现在已经不再认同这种思想了，因为我们不仅是运行在身体硬件上的软件，身体和硬件不同，它可以影响精神。作为一位认知科学家，我会用所有我能找到的工具去探索身体是如何影响我们的思想，去以一种更开阔的角度理解我们的大脑，去发现能让我们发挥最佳水平的关键因素。

如果承认身体对于精神的影响，我们就能更好地理解一些生理和心理之间的奇妙联系。我们可以先拿疼痛作例子。一些负责记录生理痛苦（如在火炉上烧到手或踢到脚趾）的大脑区域也同样会记录心理痛苦，比如被爱人拒绝。因为同样的神经硬件同时是精神痛苦和生理疼痛的计量器，所以就可以理解为什么对某一种痛苦（比如被拒绝）敏感的人经常会有更多生理上的抱怨。相对于心理健康的人，忍受心理痛苦的抑郁症患者通常患生理疾病的概率也更高。[16]

身体上的疼痛也会影响我们对于心理痛苦的解读。纤维肌痛经常伴有慢性疼痛以及身体疲劳，这种症状已被证实和孤独有关。[17] 与之类似的还有患有慢性疼痛疾病的人，他们更容易罹患"没有安全感"这样的附带症状，这种症状通常被描述为害怕孤独、害怕被拒绝。[18] 增强生理疼痛的敏感性同时也会增强社交疼痛的敏感性。我们的身体和大脑之间有一条直接的连线，身体会对我们的心理健康和幸福感造成巨大的影响。

在芝加哥大学的"人为表现实验室"中，我和我的同事一起进行了一项令人震惊的新研究，我们发现了头脑依赖于身体的证据。举个例子，我们发现做数学题时感受到的焦虑感存在于记录生理疼痛的某些脑组织中。[19] 在人们等待进行数学测验之前，我和我的同事一起观察了这些人的大脑内部，我们发现了这个事实：对于那些害怕这个科目的人来说，等待做数学题的经历看起来就像是被针扎或是手被火炉烫一样。我们的精神恐惧和生理疼痛有着很多共同点。

有一种普遍的观点，我们科学家总会在自己的领域进行一些"自我实验"，我就很想要探索我曾经亲身体会到的精神和身体之间的联系。比方说，几个月前我去学前班接两岁大的女儿莎拉放学。我马上就注意到她当时很不开心，当她问我要药片时，我作为母亲的警报信号敲响了。她病了吗？我检查了她的额头，但是并不太热，所以我问她发生了什么。她的肚子疼吗？嗓子疼吗？但似乎都不是。我问了她几个问题，而且又跟莎拉的一个老师通了电话，终于明白了是怎么一回事。班上的一个男孩拿走了一件她十分喜爱的玩具。那个男孩十分小气，不想和莎拉一起玩，所以她就哭了起来。莎拉记得当她发烧感觉不好的时候吃过泰勒诺（一种感冒药），在服药之后通常会感觉舒服一些。所以她理所当然地想到，服用泰勒诺也会让她的情绪感觉更好些。

我开始琢磨，莎拉的思考方式是不是也有一些道理，因为我的团队最近刚刚发现，大脑精神焦虑（比如说做数学题）时看起来很像是经历身体疼痛的状态。果然，我发现了加州大学洛杉矶分校的夫妻档研究员娜奥米·艾森伯格（Naomi Eisenberger）和马修·利伯曼（Matthew Lieberman）的研究，他们发现每天服用泰勒诺可以减少在社交上的被伤害感，比如被取笑、被冷落、被拒绝，或者被抢走玩具。[20] 泰勒诺会减少负责感知疼痛的神经回路的敏感性，所以它有能力降低社交和生理疼痛。我想，或许这对有数学焦虑症的人来说也有效，我会在未来的研究中继续探索。

我们的思考超越了大脑皮质。我作为研究者同时也是外行人的新目标，就是要发现具身认知这门新科学能在多大程度上，帮助我们找到让每个人都能表现最好的秘诀。

第 2 章

手指灵活，数学也强
运动体验如何提升认知能力

> 婴儿对周围环境探索得越多，他们练习使用记忆的机会也就越多，这些记忆可以在新的环境中指引他们的行动。用这种方式持续锻炼头脑，会让这些婴儿的思考技能日益精湛。

第 2 章 手指灵活，数学也强：运动体验如何提升认知能力

从外表看，布雷斯林一家的生活就是标准的美国梦。约翰·布雷斯林（John Breslin）在芝加哥市中心有一家成功的口腔矫正诊所，他的妻子艾米是一位有着儿童早期教育硕士学位的全职主妇。他们有两个漂亮的孩子，9岁的洛根和6岁的奥利维亚。但是从很早以前开始，艾米和约翰就感觉到奥利维亚似乎有些不对头。

艾米怀两个孩子的时候都不太轻松。她通常有恶心和疲惫的症状，但她和其他女性相比似乎更容易精疲力竭。当她看到其他孕妇精神百倍、轻松愉快地在街上走来走去时，她感到很惊讶，她无法理解为什么当她疲惫不堪的时候她们能够精力那么充沛。当她怀洛根时，艾米曾经担心她的不适是否预示着胎儿有某些健康问题，但是洛根在40周的时候准时出生，是一个漂亮、健康，而且足足8磅①重的小男孩。洛根在阿普伽新生婴儿评分②中获得了9分（满分10分）。有一个护士对艾米开玩笑说，只有儿科医生的孩子能拿到满分10分。

如今洛根对体育、户外运动都很感兴趣，当然，他对电脑屏幕上的任何东西也都兴致盎然。

因为怀洛根的经历，艾米在第二次怀孕时就不再把难处放在心上，她认为不舒服对她来说是正常的。但是，在怀孕16周时一场糟糕的感冒让她感到忧虑。病毒让艾米完全无法行动，她连续几天发高烧，体温曾数次达到39摄氏度。她的大夫安慰她说这场高烧不会对胎儿造成任何并发症。但是她怎么知道呢？

在这场感冒之后，事情的发展如艾米期望的那样顺利。让布雷斯林一家宽慰的是，奥利维亚的出生时间刚刚好。但是他们的担心很快又回来了，他们不久就发现他们有着明亮眼睛的漂亮宝贝是一个棘手的小家伙。

奥利维亚在她生命最开始的几个月中总是腹痛，没有缘由地大哭。不仅如

---

① 1磅约合0.45千克。
② 阿普伽新生婴儿评分（Apgar Score）是一种用于评估新生儿健康程度的测试。——译者注

此，她不停歇的哭声尖利而具有穿透力，她的父母很害怕。而且，奥利维亚不喜欢被放在摇篮中或任何地方。她很难入睡，没有什么能让她高兴。但是奥利维亚的儿科医生并不在意，说她只是有点难以取悦，以后会好的。

但是在奥利维亚没有达到动作发展指标之后，医生就没办法再忽视这些充满问题的信号了。在三四个月的时候，当婴儿进入"俯卧时间"并开始抬头时，奥利维亚只是躺着，几乎一动不动。她不能长时间抬头，就好像她的头太重、身体无法支撑一样。直到快10个月大的时候，她才开始自己翻身，而且学习坐起和走路也很慢。和她同龄的孩子都已经学会如何爬到攀登架的顶端时，奥利维亚甚至还没有弄清楚哪里有运动场。

到了一定年龄后，奥利维亚的儿科医生开始为她测试癫痫、脑卒中、脑麻痹以及其他综合征，但是，最终是一位艾米和约翰共同委托的神经病学家在奥利维亚19个月的时候做出了诊断——发展性协调障碍（developmental dyspraxia）。这是一种运动组织的损伤，发展性协调障碍的成因通常被认为是大脑发育迟缓或变异，但是确切的病因却不为人知。

当艾米和约翰接到奥利维亚的诊断时，他们感觉很释然，认为这种病并不像绝症那样可怕，只是会让她在运动场上比别的孩子慢一点儿而已。但是发展性协调障碍并不仅仅意味着糟糕的运动能力，这是一种头脑和身体上的学习障碍。奥利维亚连一根粉笔都抓不住，她需要尝试很多次才能打开一本书。所有其他孩子能够轻松掌握的活动——系鞋带、刷牙、使用勺子，奥利维亚都不行。同时，她说话也学得很慢，也很难理解别人对她说了些什么。动作问题影响的不仅仅是无法抓住棒球。随之而来的问题还有心理上的障碍。[1]

☆　☆　☆

正当奥利维亚的障碍让她的父母意识到身体和头脑之间的紧密联系时，

第 2 章 手指灵活，数学也强：运动体验如何提升认知能力

4000英里以外的大西洋彼岸，来自意大利帕尔马大学的一组神经系统科学家通过研究猴子的大脑发现了和奥利维亚父母同样的结论。该发现和位于运动前区皮质的神经元有关，神经系统科学家多年以来一直认为该区域的唯一功能就是协调身体动作，比如伸手拿钥匙或者抓咖啡杯。意大利的神经系统科学家发现，灵长类动物大脑中的这些前运动神经元不仅在这些猴子移动的时候（比如伸手拿苹果）兴奋了起来，也会在别人伸手拿苹果时变得兴奋。看到别人做出这个动作会让猴子的运动皮质受到刺激，就像它自己在做这个动作一样。

贾科莫·里佐拉蒂（Giacomo Rizzolatti）教授和他的研究生得到这个发现实属偶然。他们当时正在做一个经典的神经生理学实验，记录猕猴大脑中神经元的脑电波活动。科学家们在猴子的头骨上钻了一个小洞，然后他们把微电极放入其中。在这个研究中，电极的末梢被放在位于运动前区皮质的单个神经细胞中。运动前区皮质一直被认为负责编排动作，所以当科学家们发现猴子伸手抓住花生并放入口中时，并没有因为他们正在测量的神经元有了反应而感到惊奇。研究员们对他们观察到的结果感到非常满意，出去吃午饭了，留下缠着线的猴子坐在椅子上。

当其中一位研究生吃完午饭回来时，她当着猴子的面吃起了意大利冰淇淋，电极从动物的皮质发出信号，它的前运动神经元兴奋了。猴子的动作神经元对于它所看到的动作有反应，而此时的猴子竟然是完全静止的！[2]

这些神经元被贴切地称为"镜像神经元"，当做出动作和看到某人做出相同动作时，这些神经元都会被刺激，这个现象可能说明了我们的灵长类近亲是如何理解其他个体的行为的。[3] 通过在心理上镜像它所看到的动作（就像它自己做出同样的动作一样），猴子就能理解其他人的目标和意图。所以不难总结出，人类运用了类似的方式来破译其他人的动作、意图，甚至感觉。我们通过让别人的行为在自身动作系统中重放（就像我们自己在做这些动作一样）来理解别人。镜像神经元的存在意味着，它帮助动作系统扮演我们所观察到的行

为，这是为了让动作系统合理地认识我们身边正在发生的事。但是对于像奥利维亚这样的孩子来说，这并不是个好消息，因为她的发展性协调障碍阻碍了这种本该轻松的扮演行为。如果她无法刺激自己的运动系统、做出流畅的身体动作，她很有可能会在理解其他人的动作和意图上有困难。

多年来，脑科学家都像笛卡尔一样，认为精神和肉体在很大程度上是单独的实体。但是在猴子身上发现的运动前区皮质镜像神经元却指出了一种完全不同的精神和肉体之间的联系。身体不再只是被精神利用的被动运载工具，我们现在知道，身体和体验扮演以一种出其不意的方式影响了头脑中的内容。能够扮演一种活动——无论是洗澡、梳头还是扔球——都让我们认识到别人正在做什么，以及一个更重要的问题——他们为什么要这么做。

当然，其他20世纪的科学家也曾经在镜像神经元被发现之前，研究过身体的智能。20世纪60年代，瑞典哲学家及心理学家让·皮亚杰（Jean Piaget）认为身体的动作是知识的基础。[4]皮亚杰相信婴儿拥有"感觉运动智力"，也就是婴儿的动作能够帮助他们形成关于世界的概念。皮亚杰指出，婴儿和成人的区别不仅仅在于他们的知识更少或者具有更低的脑处理能力，也在于他们还没有足够的时间和周围的环境进行互动。事实上，婴儿想法的内容和成年人不同。皮亚杰认为儿童具有一套独有的特殊逻辑，爱因斯坦曾评价这种观点是"非常简单的理论，但只有天才才能想得到"。[5]

当皮亚杰看到他7个月的女儿杰奎琳把一只握在手里的塑料鸭子掉在了她所在的毯子上时，他忽然获得了关于动作和理解力之间强大联系的启示。玩具掉到了毯子的褶皱中间，她看不到了。但是杰奎琳看见了玩具的坠落，而且距离也在她小小的臂长范围内，但她却没有试图重新获得玩具。皮亚杰很奇怪，他把鸭子放到了她的面前。正当她要去抓玩具的时候，他慢慢地把玩具移出了她的视线。虽然她清楚地看到了他把鸭子藏起来，但是却并没有试图找回玩具。杰奎琳很为这只玩具鸭子着迷，但是当玩具消失时，她的表现就像是鸭子

第 2 章 手指灵活，数学也强：运动体验如何提升认知能力

从来都没有存在过一样。不在视野中，也就意味着不在心中。[6]

通过他和杰奎琳的互动以及他对其他儿童的观察，皮亚杰总结，婴幼儿认为物体在他们看不见的时候就不存在了。皮亚杰相信孩子只有在他们自己获得和世界交互的经验之后，才能学会"对象恒常性"的概念。虽然最近的一些研究在皮亚杰的主张中发现了漏洞，[7]但是他坚信动作所具有的力量却是相当正确的。动作帮助我们的头脑了解世界是如何运作的，以及人为什么以特定方式行动。

☆ ☆ ☆

一个普通的蹒跚学步的小孩每天都要穿越47个足球场，每小时平均累计跌倒17次，[8]大量的经历成为孩子探索世界过程中的重要收获。我们很容易就会认为爬行是无足轻重的，但是爬行对于婴幼儿的生理和心智成长却是不可或缺的。原因之一在于，爬行并不是件容易的事。正如史蒂夫·平克（Steve Pinker）在他的书《语言本能》（The Language Instinct）中说到的那样，儿童的动作能力，无论是爬行、步行，甚至抓起铅笔，都是"我们所能设想的最难的工程问题"。[9]我们可以让计算机与我们时代最聪明的人下象棋，但是让一个机器人像孩子那样成功学会如何行走或爬行却仍然是个挑战。更重要的是，蹒跚学步的孩子的动作能告诉我们很多关于身体协调性和精神敏锐性之间的关系。

让我们用一个被称为"视觉悬崖"的实验设定来说明问题。这是婴儿版的定点跳伞，定点跳伞就是指人们在背着降落伞的情况下从悬崖上跳下来。当然，婴儿身上没有降落伞，也没有悬崖，但是婴儿并不知道。接下来如下进行：把婴儿放在一个有树脂玻璃桌面的大桌子上。桌面的一半下方有象棋棋盘的图案，在它上面爬行看起来更安全。但是另一半树脂玻璃桌面下方什么都没有，让人有一种错觉，桌面消失成"视觉悬崖"。对于婴儿来说，这个实验绝

对安全，但是婴儿们不一定这么认为。婴儿面对的问题是在视觉悬崖的另一端有一个很酷的玩具，他特别想要。那么婴儿会怎么做呢？

有些婴儿回避了视觉悬崖，但是其他婴儿却不加注意地爬过去了。这些小小冒险家是谁？是什么让他们和自己小心翼翼的同伴区别开来？这种情况下，那些直接向明显的悬崖爬过去的婴儿是相对缺少经验的爬行者。而那些爬行时间更长的婴儿则会躲避悬崖——他们富有经验的运动系统会发送警告信号，急速下降的地形可能并不安全。[10]

有趣的是，就算是在爬行时躲避了视觉悬崖的婴儿，当他们处于学步车中并可以用脚在地上乱跑时，却会毫不犹豫地冲过边界。[11]他们是爬行专家，但不是步行专家，所以他们的运动系统没有发送步行走过悬崖边界并不安全的信号。这就是为什么会走路的婴儿如此危险的原因：他们的运动性超过了自己身体的能力，也因此婴儿不知道如何预测自己行为的结果。学步车中的婴儿会直接走过视觉悬崖——他们也会走下房子中的楼梯。

在20世纪90年代中期，婴儿学步车在美国的受欢迎程度曾如日中天，消费品安全委员会报告说学步车造成的伤害（骨折、牙齿碎裂、颅脑损伤，以及其他）比其他任何流通中的婴儿产品都多。2004年，加拿大禁止了婴儿学步车，非法持有会被处以高达10万美元的罚金或6个月的监禁。[12]学步车不仅危险，事实上还会造成运动发育迟缓。使用学步车的婴儿不仅不能和正常情况一样那么快地学会自己站立，而且在没有帮助的情况下走路也相对更困难，因为他们已经习惯于用设备支撑自己的重量。婴儿学步车造成的延迟让人震惊：使用学步车24小时会延迟学会独立行走达3天之久，还会延迟学会独立站立将近4天时间。[13]

尿布同样也会阻碍运动发育。行走对于婴儿来说很困难，而要带着腿间笨重的尿布行走就更困难了。老式的布尿裤对于走路来说更糟糕，因为大块的尿布会让婴儿步伐更宽,导致婴儿用弓形腿的方式走路,但是就算是以更轻薄为目的设计的现代一次性尿布也会对步态造成不好的影响。戴着尿布的时候,婴儿更容易跌倒,而且走路看起来也很笨拙。[14]当婴儿裸体的时候,路走得更好。但是我们却几乎没有怎么给他们光着身子到处乱跑的时间。

关于尿布的一项研究指出,刚过1岁的婴儿平均每周裸体行走时间为41分钟,有1/3的婴儿从来没有裸体行走过。

婴儿移动的方式也会影响他们的认知功能。9个月大、能够爬行的婴儿比无法独立自由移动的同龄婴儿记忆力更好。[15]婴儿对周围环境探索得越多,他们练习使用记忆的机会也就越多,这些记忆可以在新的环境中指引他们的行动。用这种方式持续锻炼头脑,会让这些婴儿的思考技能日益精湛。与之相比,婴儿学步车会阻碍婴儿达到认知标准,这些标准包括和照料者互动以及理解其他人的想法和意图。心智发育上的迟缓在学步车停用后的一年仍然会显现。[16]

信息不会只在一个方向传输(从想法到行动),行动也会制造想法。婴儿通过体验不仅理解了物体是怎么运作的、哪里可以安全地行走,同时他们的心智技巧,比如理解别人的意图、想法以及感受,也因为他们在真实世界中独立行动的能力而得到了提高。

简单来说,当婴儿可以模仿他们眼中别人正在做的事时,他们就会更好地理解别人的意图。比如伸手拿东西:我们想要拿到的东西是什么,会让别人对我们的意图有所了解。我们想要拾起一本书、一只玩具熊,还是一只球?如果所有这些玩具都在同一个玩具盒中,要得到任何一个玩具的动作基本是一致的,但是意图是不同的。婴儿只有在他们自己能够拾起玩具的时候才能理解这一点。在你我看来很明显的事情,对于一个3个月大的婴儿来说却并非如此。不会自己伸手抓东西的婴儿不会敏锐地注意到一个人把本来要抓取的玩具换成了另一件玩具。婴儿需要有自己拾起玩具的机会。当婴儿戴上一副手掌上有尼龙搭扣的"粘指手套"时，他们就可以轻松地通过挥手或拍打拾起玩具。突然之间，他们就会开始注意到有人捡起新玩具了。[17]

就像是电灯开关从"关"到"开"，婴儿伸手抓取玩具的经历赋予了他们小小的运动前区皮质注意到别人意图的能力。就像是里佐拉蒂实验中的猕猴一样，人类的婴儿也能通过镜像别人的行为来理解其他人的意图，因为他们有了和玩具交互的经验。这就是为什么患有发展性协调障碍的 6 岁的奥利维亚·布雷斯林理解起其他人来很困难：她自己无法做到她所看到的事。

有些名人也被诊断出患有发展性协调障碍，他们讲述了这种运动障碍带给他们的困难。在畅销书《哈利·波特》改编的电影中扮演哈利·波特的英国演员丹尼尔·雷德克里夫（Daniel Radcliffe）患有明显的协调障碍，直到现在他穿鞋仍然困难。"我有时候会想，为什么尼龙搭扣还是没有打开？"他开玩笑说。在谈起自己上学的日子时他说道："我上学的时候非常辛苦，什么都做不好，没有什么明显的才能。"他很幸运地发现了适合自己的职业，但是仍然在写作和数学这样的基本能力上挣扎。[18] 运动障碍会导致各种各样的精神障碍，对于学生来说尤其如此。

位于华盛顿的儿童健康与人类发展研究所的研究人员最近通过一项研究发现了生理发育影响智商的证据。这个团队由心理学家马克·伯恩斯坦（Marc Bornstein）带领，跟踪了 375 个婴儿（从他们 5 个月大的时候开始一直到青春期结束），周期性评估他们的智力和成就。研究者的发现令人十分震惊。通过孩子们在 5 个月时表现出的行为不仅能预测出他们在 4 岁和 10 岁时的智商，还可以预测出他们在 14 岁时学习上的成就（阅读理解和数学解题）。这些行为包括"俯卧时间"，何时婴儿可以抬起头和肩膀且每次都能保持几秒钟时间，何时可以自己坐起，以及他们尝试伸手抓住周围物品的频率。研究者成功地证明了行为和思考之间的联系不光可以由父母的智商、教育程度或家庭环境来解释，还可以由婴儿的身体能力来解释。当孩子可以自己坐起的时候，他们的手可以自由地伸出去抓东西，由此他们可以利用这种无法替代的方式学习关于外在世界的知识。婴儿知道了他们的行为可以改变环境，这也帮助他们理解周围其他人的行为和意图。当婴儿可以移动时，甚至周围成人使用的语言都会更加复杂，这在一定程度上被认为可以提高婴儿的认知发育。总而言之，行为和智商是不可分割的。伯恩斯坦认为，最终结果就是"婴儿时期的运动探究能力是青少年学习成就的重要影响因素"。[19]

我们可以在各种活动中看到动作和思考之间的联系。从5个月大到学龄前都有体现。大多数四五岁的小孩可以唱字母歌，也会书写自己的名字，但是几乎没人能阅读。是什么让这些孩子跨越了这个认知能力上的里程碑？读出字母并大声朗读的练习确实有帮助，但这不是全部，甚至都不是最重要的因素。练习书写字母对于阅读的成功至关重要：当身体知道如何写出字母时，头脑紧跟其后也就能够阅读了。

凯伦·詹姆斯（Karen James）是印第安纳大学的一位神经系统科学家，她发现在学前班孩子参加的长达一个月的阅读学习计划中，那些练习书写词语的孩子比那些参与同样计划但是练习说出词语的孩子具有更好的认识字母能力。通过朗读字母提高认识字母能力的效果并没有书写字母那样好。[20]

詹姆斯认为书写字母练习对于认识字母很重要，其原因归根结底在于，阅读的成功取决于一处位于大脑底部的从属于视觉系统的组织——梭状回。我们知道梭状回是成人大脑中处理字母的位置。脑成像研究证明了当讲英语的成人看见单独的英文字母时，左梭状回反应很强烈，而看到汉字的时候则不然。科学家经常假设这种对于字母的专门化处理来自我们丰富的阅读经验，但是詹姆斯认为书写经验才是真正的原因。当学前儿童参与了一个月的阅读学习计划之后，他们的左梭状回真的适应了字母。更重要的是，相对于只学习阅读字母的孩子，这种对于字母的敏感性在学习书写字母的孩子中更明显。也就是说，参与识别字母的大脑区域在孩子们学会自己书写字母之前似乎并没有真正工作起来。

詹姆斯的发现可能解释了为什么被诊断患有诵读困难的孩子经常也会伴有运动发育迟缓。我们通常认为诵读困难仅仅是搞不明白或颠倒字母，比如把"b"当作"d"。但是诵读困难是一种阅读障碍，它影响人们识别字母和分解词语音节的能力。如果书写字母真的能够帮助大脑识别字母的话，那么患有诵读困难的孩子体会到的运动困难可能严重影响他们学习字母的能力。当人无法行动时，就会理解困难。

这种身体和头脑之间的联系曾经一度让科学家很困惑，但是现在，这样的联系说得通了。就算阅读看起来是一项完全局限在大脑内的活动，这项活动其实也包括了身体。因为书写练习能够帮助负责识别字母的大脑区域开动起来，所以不难想象还有很多其他通过运动体验改变大脑的方式。简而言之，我们能在实践中学习。

从音乐到数学

布雷斯林一家为了帮助他们的女儿应对发展性协调障碍，做了一切努力。当奥利维亚还在学步时期，她每周都去参加两次职业疗法治疗，在那里她学习在健身球上保持平衡，把衣服挂在钩子上，还有扔球。她还接受了言语治疗，这种治疗帮助她移动嘴和嘴唇从而发出特定的声音，并且清楚地讲话。奥利维亚表现出了明显的进步，在6岁的时候，她已经进了幼儿园。她在运动发育上仍然迟缓，但是至少她可以参加足够的课上活动，并且能和她发育正常的朋友们一起坚持半天的课程。

奥利维亚还上了钢琴课。当她的父母看见她特别喜欢在客厅的钢琴上乱弹时，她妈妈决定让她学钢琴。令人惊奇的是，经过8个月的钢琴课之后，奥利维亚在学校的表现明显地改变了，特别是在数学方面。她的计算能力显著提

第 2 章 手指灵活，数学也强：运动体验如何提升认知能力

高，而且她对于数字的基本理解也有了明显的进步。她的父母很好奇在弹钢琴和数学之间是否存在着一定的联系。

很多人都研究过音乐和数学之间的联系，甚至是音乐和思考能力之间的联系，这种现象被称为"莫扎特效应"。一项20世纪90年代早期的研究指出听莫扎特会提高智商。[21] 从此，在这个发现的支持下人们认为在孕妇的肚子上用耳机播放莫扎特的歌剧（比如《魔笛》）会提高正在发育中的胎儿进入哈佛大学的概率。在谷歌上搜索"莫扎特效应"就会看到CD、DVD，以及详细地告诉你古典音乐能让孩子变得更聪明的书。莫扎特的音乐被认为对很多事情有效，从增加奶牛的产奶量到帮助污水处理厂分解废物。[22] 佐治亚州的前州长泽尔·米勒（Zell Miller）甚至提议州预算每年拨出10.5万美元用来给每个在佐治亚出生的孩子提供一盘古典音乐的磁带或一张CD。[23] 田纳西州紧跟佐治亚州的步伐。最终，一个为学步儿童、幼儿，以及正在发育的胎儿制作莫扎特CD的小型家庭手工业诞生了。

不幸的是，事实上莫扎特效应似乎并不存在。科学家们进行了大约20多个关于莫扎特效应的研究，发现这些音乐对于智商的影响小到可以忽略不计。让你的孩子听古典音乐肯定没有坏处，但也没有让他变得更聪明。[24] 一组维也纳大学的心理学家最近发表的论文的题目对这个现象做了很好的总结："莫扎特效应，莫扎特效应是个什么鬼？"⊖[25] 科学家认为，在研究中发现的听莫扎特音乐获得的任何微小好处，也不是来自音乐本身的。莫扎特的音乐对于神经细胞有着很好的刺激，这样的刺激通常都发生在大脑右半球，在研究者寻找音乐和思考能力之间的联系时，他们测试了大脑右半球所负责的众多推理能力。也许过去所发现的莫扎特效应真的仅仅只是由于被唤醒或被刺激而引

⊖ 原文为"Mozart Effect, Schmozart Effect."在意第绪语中这里的sch-前缀实际应为shm-，该前缀加在原词后面重复的词语上，有轻蔑或不予理会之意，如Mozart Schmozart的意思是"哼，谁在乎莫扎特是谁？"——译者注

发的。为了证实这个想法，已经有人证明即使只听史蒂芬·金的恐怖小说的段落也会让人在一般智力测试中获得更高的成绩——特别是当实验对象投入故事中的时候。[26]

虽然声称听莫扎特就能让你变得更聪明有些言过其实，但是有大量的例子表明很多孩子在音乐和学业上都表现出色。我们可以先来看看蔡美儿（Amy Chua）女儿的例子，蔡美儿是畅销书《虎妈的战争与歌》（*Battle Hymn of the Tiger Mother*）一书的作者，这本书详细地讲述了她对索菲亚和路易莎（露露）的严厉教育。蔡美儿不允许自己的孩子在朋友家过夜、看电视，或者玩电动游戏，因为她认为她们的时间应该用在学习、弹钢琴，以及拉小提琴上。蔡美儿要求自己的女儿在完成额外作业（特别是数学）之后继续练习乐器长达数小时，按照美国的标准这可能是很过分的要求，但是在她的这种教育方式之下，她的女儿在音乐和数学方面都很出色。

MATHCOUNTS 数学竞赛是一项全美国初中范围内的教学计划，这项计划通过鼓励和组织拼字比赛类的竞赛来提高数学成绩，[27] 这项竞赛的冠军通常都是精通数学和音乐的。学生会解决类似于这样的问题："如果肯顿以每小时 3 英里的速度走 60 分钟，然后以每小时 8 英里的速度跑 15 分钟，那么他走了多远？"（答案是 5 英里。）获得洛杉矶市 2011 年 MATHCOUNTS 数学竞赛冠军团队的所有成员除了是数学神童之外，还都会演奏乐器。[28]

为什么音乐训练会和更好的数学技巧如影随形？这都和身体有关。在过去的几年中，科学家把研究目标指向了我们控制手指的能力（音乐家的控制能力通常都很强）和数学表现之间的联系。手指和数字在大脑中拥有相同的神经实体——比如在两种能力中都参与实现的顶叶皮质。[29] 最近的研究表明在音乐训练中的身体练习会帮助孩子更好地发展数学思维。相反的例子也成立——过去的几年中有一些人在突然失去运用手指的能力之后，他们头脑处理数字的能力也出现了问题。[30]

第 2 章　手指灵活，数学也强：运动体验如何提升认知能力

亨利·波兰（Henry Polish）59 岁，有一天他醒来的时候发现自己无法完成简单的算数计算，也不能拨打电话号码。亨利在佐治亚州亚特兰大的一家小公司从事保险代理人的工作，他每天都习惯于进行数学计算。所以你可以想象这样一个场景，当他在周六早餐之后坐下来准备支付一些账单的时候，忽然发现自己无法在心里计算个位数的加法，该有多么惊讶。他的思维敏锐，讲话顺畅，并且也没有视觉上的问题。他搞不清楚到底发生了什么。他的妻子建议由她陪他去一家当地的急诊室看看，但是他认为最好还是先给一位曾经做过医生的朋友打电话。可是亨利发现自己根本无法想起电话号码，他终于不再坚持了，他妻子带他去了急诊室。

医生们对亨利做了一次完整的神经病情检查，并找到了一个奇怪的行为模式：他可以说话也能理解，可以移动也能跟随指挥，但是在参与涉及手指和数字方面的活动时他就有了困难。比如，当精神病科专家要求亨利把两个小拇指连起来时，他做不到。他只是坐在那里，因为无法协调两只手完成医生要求他做的简单动作而慌乱。他知道指令是什么，也知道他的手应该怎样做，但是手就是不听话。然后医生要求亨利闭上眼睛，开始一个接一个地触摸他的手指，他问亨利哪只手指被碰到了。亨利的答案就像是胡乱猜的。他很难记住简单的阿拉伯数字（比如写在纸上的"5"和"7"）。当医生大声要求他写下所要求的数字时，他也很难完成任务。

亨利读字母没有任何问题；只有当涉及数字的时候他才会感到困惑。CT 扫描显示在亨利的左顶叶后部有一个小痕迹，这部分的大脑在理解数字方面至关重要，同时也和帮助我们协调手部动作的大脑动作区域有联系，比如用拇指和食指表示出字母"O"。[31] 亨利负责运动手指和理解数字的多任务指挥中心失效了，所以他的两种能力都出现了困难。

有趣的是，手指和数字的关系远远不止共用一点神经组织那么简单。我们

最开始理解数字的方式就和手指有关，很有可能因为我们在学习数数的时候就使用手指。当有人要求你用一根手指在键盘上按下你在屏幕上看到的数字时，如果你使用的手指和你习惯用于指算的手指相匹配，那么你就能更好地完成这个任务。很多人通过他们的右手学会从1到5数数，从大拇指开始，然后6到10用左手完成，同样也是由大拇指开始。对于那些用右手从1数到5的人来说，当他们在键盘上使用右手时，认出小于5的数字比使用左手时容易得多。对于更大的数字来说，相反的情况也成立。我们还是孩子时使用手指的方式会对我们成为大人后在大脑中处理数字的方式造成影响。[32]

运用手指来计算似乎帮助我们铸就了手指和数字的共同基础。孩子就是通过手指从身体上理解了数字。当孩子数数时手指移动的次序让他们明白了每个序列中的数字都有一个独一无二的直接后继，也有一个独一无二的直接前驱，第一个除外。除了简单的查数外，我们使用手指的领域还包括：做加法时用来计数，在查数时指向被查点的物品，以及表示数量（一个集合里有多少元素）。一个孩子可能会举起四根手指来表示自己的年龄。数字技巧的发展离不开对手指的运用。

根据心理学家布莱恩·巴特沃斯（Brian Butterworth），一位世界知名数学学习专家的说法："如果不能把数字表示，与使用手指和手的神经表征相连……那么数字本身在大脑中永远都不会有正常的表达。"[33]确实，如果孩子手指的精细活动能力很糟糕的话，那么这个孩子就更有可能在之后学习数学的过程中遇到困难。手指直觉能够在我们闭着眼睛时告诉我们别人碰了哪根手指，在5岁的时候，这是一种能够预测几年之后在上小学时的数学表现的指标。这种指标在预测数学成就方面甚至比一般的智商测试还要准。[34]孩子在幼儿园时期手指越灵活，未来他们的数学技巧就越突出。相反的情况也成立：欠佳的手指控制能力经常和计算障碍、理解和运用数字障碍相联系。[35]

因为手指和数字之间存在着紧密的联系，所以通过音乐练习增加手指灵活度就会增加数学方面的技能。甚至仅仅是学习如何用每个手指来按不同的钢琴键都是有好处的。手指灵活的孩子可以更有效地利用手指来计数、计算,以及表达物品的数量。孩子的数学技能由此得到了提高。[36]

☆　☆　☆

大多数家长总会时不时地拿自己的孩子和其他同龄儿童相比。这种比较通常从早期的运动发展指标开始。我的孩子是不是应该能够拿起瓶子了?什么时候能坐起、走路?甚至那些声称自己进行的是散养式教育的家长,也会偷偷地拿自己的孩子和其他正在玩耍的孩子相比较。当孩子开始上学之后这些对比有增无减。

如果我们了解了身体如何与头脑连接,就会对头脑的形成有进一步的了解。音乐训练对于培养数学技能很有好处,学习书写字母能够帮助大脑系统加速运转,对学习阅读很重要。如果一个孩子的运动系统无法镜像其他人所做的动作,甚至无法揣度书写字母"A"或抓住一只玩具所需完成的动作,那么这个孩子就很难理解发生了什么。如果我们能够认识到孩子在理解自己无法做到的事时有多困难,就会意识到运动体验对于所有孩子来说都是至关重要的——不仅会影响那些重要的运动发展指标,同时也会影响认知发展指标。

第 3 章

跳跳舞，学数学
身体参与如何帮助头脑理解

把动作和数学相连能帮助学生"为数学编舞"，让他们理解不同的概念是如何组合的，这种方法让概念更好记忆。

第 3 章　跳跳舞，学数学：身体参与如何帮助头脑理解

看见海鞘海绵一样的身体你怎么也不会想到，这种动物属于脊索动物门，脊索动物门的动物都具有脊髓，比如鱼、鸟、两栖动物，还有人类。但是海鞘和脊索动物门的其他动物不同，它们不会一直保留大脑和脊髓。海鞘只有在需要这些器官的时候才会保留它们。

海鞘的生命周期开始于一种类似于蝌蚪的生物，它由一条脊髓、一只连接着脊髓的简单的眼睛和一条用于游泳的尾巴组成。海鞘有一个原始的大脑帮助它在水中移动。但是它的移动性并不持久。一旦海鞘发现了适合自己依附的地方之后，无论是船体，还是水下礁石，或者是大洋底，它就不会再移动了。当海鞘停止移动，它的大脑就被身体吸收了。能够永远与自己的家连接之后，海鞘的脊髓和控制移动的神经细胞就变得多余了，所以还留着做什么呢？大脑是一个很耗费能量的器官，甚至对于海鞘来说也是这样。所以一旦海鞘进入静止状态，它就把自己的大脑吃掉了。

虽然很多心理学家都认同这个观点：大脑的主要功能是思考和感受。但是海鞘的生活却提供了另一种关于大脑原始作用的线索：编排与表达主动活动。丹尼尔·沃尔珀特是一位牛津大学的工程学教授，也是著名的金脑奖（Golden Brain Award）获得者，他在最近的一次 TED 演讲中说道："我们之所以拥有大脑只有一个原因，那就是为了完成那些具有适应性的复杂动作。除此之外，别无其他理由。"[1] 越来越多的人开始承认，行为和思考之间的联系远比我们过去所认为的更加紧密。负责原始功能（比如在所处环境中穿行）的大脑部位和负责新型功能（比如阅读和计算）的大脑部位并不会完全独立地工作，它们有很多机会可以彼此交流并互相影响。通常这些功能都植根于相同的神经组织。

在任何时代，把头脑比作最复杂的设备都是件时髦的事。100 年前，我们用电话交换台手动连接电话线。如果把头脑看作交换台的话，婴儿的神经电话网络很有限，只有几处连接点，所以知道的与能做的都很少。随着孩子长大，

由于他们的连接点逐渐增加，他们就可以用更复杂的方式思考和行动，他们的头脑也就可以拨打更多种类的电话。

现如今，人类的头脑更多地被比喻为计算机，我们每个人都拥有3磅左右的神经硬件，其上运行了很多各不相同的软件程序。这个比喻的问题在于，正如大多数软件都可以在任何平台上运行一样，如果我们把头脑视作决定我们的关系和交互的计算机，那就意味着我们的身体和生理体验都变得不重要了，就像技术支持一样。思考被贬低成编程语言，我们依照规则通过硬件对符号进行操作，硬件只负责执行而无法影响思考。

与其他教育机构相比，西方主流教育系统似乎更加喜欢或者习惯用计算机来比喻头脑。虽然我们接收的信息来自5个不同的感官——视觉、听觉、嗅觉、味觉、触觉，教育者总是试图把这类信息的存储描述为抽象的概念，他们剔除掉了最开始帮助头脑装载硬件驱动的特定感官。课程计划的设计者肯定知道成年海鞘，他们似乎认为身体是不必要的，学生就应该永久地被固定在自己的书桌旁。用于教授孩子数学概念的物品（比如积木）少之又少，用来帮助学习阅读的物品就更少了。相对于以前，学生被更加牢固地固定在椅子上。

这种静止模式的教育是有害的，因为我们更倾向于通过动作以及与其他环境中的人和物互动来学习。语言就是一个例子。婴儿和学步儿童最开始接触语言都是通过一个高度交互式的环境。妈妈可能会拿着手机，递给她的孩子，指着手机说"电话"，或者她可能会让自己的孩子拿着瓶子，然后她会说出"瓶子"这个词。大多数孩子学到的词都直接和这个词所指的物品相关，通常的情况是，孩子可以抓着或者摆弄他们正在学习的物品。但是在标准的课堂阅读课上，老师并不会把孩子所读到的东西和实体世界相联系。甚至在使用图画书的时候，很多教师更加重视词语的发音，而很少关注描绘这个词的图画。用这种"朴素"的教育方式传授阅读技能，就缺少了学习语言所必需的动态且交互的环境。

为什么不能在没有直接关联到动作的情况下学习词语呢？原因之一在于，这不是大脑的工作方式。现代神经系统科学还没有在大脑中发现任何理论上单独的阅读区域。与之相反的是，当我们阅读的时候会激活所阅读的内容中提及的感觉和动作相对应的大脑区域。当人做出一些微小的动作时，比如挪动脚、手指或者舌头，在功能性磁共振成像（fMRI）扫描仪中，这些人所激活的部位是负责移动肢体的运动皮质。更有趣的是，当人们读到关于腿、手臂、嘴的动作词汇（比如踢、捡起、舔）时，也会同时激活大脑内一些相应的负责运动的区域。位于运动皮质负责控制腿的区域，会同时参与管理腿的动作和对"踢"这个词的理解。[2] 要把阅读的头脑和做事的头脑分开是很难的。抛开具体物体或动作不提，而只教授描述该物体或动作的词语并不符合大脑的组织方式。因为身体和头脑紧密相连，所以身体是学习过程中的重要部分。

☆　☆　☆

阿特·格伦伯格的一生都致力于理解学习的精神原理。他满头银发，被晒成褐色的脸庞透露出他对阳光和户外运动的热爱。格伦伯格几年前从威斯康星大学的学院退休，除了他的工作之外，他找不到其他任何想做的事，所以他接受了亚利桑那州立大学的一份新工作。同样的工作，只是天气更好了。在亚利桑那州立大学时，格伦伯格管理着具身认知实验室。他实验室的网站引用的格言是："Ago Ergo Cogito"（我做，故我思）。这句格言所讲的就是格伦伯格对年轻读者成长方式的希冀：通过在阅读课程中加入动作，从而提高阅读技巧。

因为语言学习涵盖了很多活动，所以格伦伯格认识到交互阅读课可以提高孩子的理解能力。就像一位父亲一边说"再见"一边向他的孩子挥手一样，格伦伯格研究中的孩子学会了直接把他们读到的词语和相应的动作、物品、事件联系到一起。在最近的一次实验中，[3] 格伦伯格招募了一些一年级和二年级的学生参与不同的阅读小组。下面就是他们进行的项目：

在农场吃早餐
本要给动物喂食。
他把干草推进洞里。（绿灯）（在山羊围栏上面的干草棚地板上有一个洞。）
山羊吃干草。（绿灯）
本从鸡那里得到蛋。（绿灯）
他把蛋放进马车里。（绿灯）
他把南瓜给猪。（绿灯）
所有动物都开心了。

有一些孩子被分到"动作"阅读小组。这些孩子轮流大声朗读每个句子；当他们看到句尾的绿灯时，这个信号告诉他们用摆在前面的玩具（玩具谷仓、鸡、猪、南瓜、男孩人偶、一辆马车）把句子中描述的事件表演出来。其他孩子则被分到"重复"阅读小组。这些孩子同样也轮流大声朗读句子，但是当他们遇到绿灯时，他们只是重复朗读句子。

把故事表演出来的孩子对于材料的理解比那些只是把句子朗读两遍的孩子要好。而且两者之间有着很大的差别。演出句子会让孩子对于故事的理解提高50%以上。这些孩子同时也会记住更多的细节——甚至在第一次阅读故事之后的几天里。

当然，情境表演可能仅仅是让学生在课上的参与度有所提高，但是格伦伯格并不这样认为。如果只是因为注意力提高的话，那么"重复"小组的表现反而应该更出色。如果有机会把句子读两遍，应该至少会帮助孩子理解发生的事，并且记住更多关于这个故事的细节。格伦伯格更加青睐的解释是，表演句

第 3 章　跳跳舞，学数学：身体参与如何帮助头脑理解

子的经历促使孩子的大脑像富有经验的读者那样进行模仿。当我们读到"踢"这个词时，负责脚的运动皮质就被激活了，表演句子中描述的动作帮助我们把词语和该词所指的对象相连。孩子可以清楚地把自己读到的词语和词语所描述的动作和事件相连。随后当研究人员测试孩子们的理解程度时，他们就可以通过唤起和阅读相关的丰富的感觉体验和运动体验来指引他们的记忆和理解。

表演出阅读课上的内容会帮助孩子把词语和他们周围的世界相联系。孩子在学习词语的过程中经常很纠结，因为他们得到的定义仅仅是用其他一组词来形容这个词而已。格伦伯格的阅读介入教学方法模仿了真实世界中语言学习的方式，他帮助孩子把词语和相应的动作、图像或者对话相联系。这种动作体验也会帮助孩子理解同一个词的各种意思。以下句子中的"咖啡"会让人联想起不同的意思（一杯咖啡或是咖啡豆）：

咖啡洒了。快去拿拖把。
咖啡洒了。快去拿扫帚。

词语包含的不仅仅是定义：词语根据发生的场景不同而获得不同的定义。动作让词语获得意义，同时也描绘出在不同场景下词语的区别。交互式学习并不仅仅是"以词易词"。[4]

身体不仅可以作为帮助阅读理解的工具，其重要性也体现在其他科目上。认知科学家乔治·拉考夫（George Lakoff）和拉斐尔·努涅斯（Rafael Núñez）多年以来一直都坚称，儿童对于数学概念的理解（比如"加"和"减"）是通过把词语和相应的动作延伸到数学情境来发展的。事实上，这些科学家认为很多数学学科（从离散数学到组合学），都来自人类身体的进化历史。我们是有能力利用四肢操作物品的动物。科学家认为如果人类的构造像蛇一样，无法轻

松抓住各种形状的物品，那么我们对于数学的理解将非常不同。[5]

想想"加"这个词。在物理语境下，这个词的意思是把某些东西放进容器、集合，或者物质之中："把奶油加到咖啡中"或者"把原木加入火中"。与之相反的是，"减（取）"[一]的意思是移走："把书从箱子里取出来"或"把原木从火上取下来"。孩子通过经验把"把物品加入集合"和"加法"相连，把"把物品拿走"和"减法"相连。当把动词"加"和"减"应用在算数背景中时（"如果你把 4 个苹果加入到 5 个苹果中，一共有多少个？"或者"如果在 5 个苹果中拿走 2 个，还剩下几个？"），孩子就可以依照以前在玩耍时获得的动作体验来理解数学概念。[6]

从动作延伸到数学可以解释最近阿特·格伦伯格开展的另外一项研究，在这项研究中他发现通过表演来解决数学问题的孩子能够更好地理解问题中的数学运算。[7] 我们来看看格伦伯格给三年级学生出的数学题：

动物园中有 2 头河马和 2 条鳄鱼。它们住在彼此附近，所以管理员皮特在同一时间给它们喂食。现在到了皮特给河马和鳄鱼喂食的时间。
皮特给每头河马 7 条鱼。（绿灯）
然后他给每条鳄鱼 4 条鱼。（绿灯）
河马和鳄鱼现在很高兴它们可以开吃了。在河马和鳄鱼吃之前它们一共有多少条鱼？

那些把这个问题表演出来的学生实际上数了适当数量的玩具鱼，然后把它们分给了动物，这些学生解题的准确率比只读了故事两遍的学生高两倍。

但是接下来才是数据真正变得有趣的地方：第三组学生在绿灯出现的时候数乐高积木，这些学生解决数学问题的准确率并不比那些只是重读故事的学生

[一] 英文原文中的 take 一词有减和取的意思。——译者注

高。这个研究令人惊讶的结论在于，并不是某些动作形成了理解。乐高组的三年级学生也在移动物品，但是这些物品和故事情节无关：乐高积木的形状不像鱼，而且也没有河马和鳄鱼玩偶，所以没办法分发鱼。当词语和物体之间没有直接的联系时，动作的作用消失了。

有趣的是，全美国的教室都越来越多地开始使用积木和其他物品或者教具（特别是在精英学校中）：老师教孩子用数积木或者木棍的方法来解决数学问题。用于教育目的的积木游戏最早创立于 20 世纪初期，这种方式被老师和家长追捧为解决教育问题的万灵药。公立学校的供应商最近几年在目录中增加了大量和积木类似的新产品。私立学校现在把积木作为招生工具。[8] 数学教师全国委员会甚至也提倡把教具作为提高学生掌握基本数学概念（如加法和减法）的方法。[9] 虽然移动积木代表了把主动游戏加入到学习过程中的新思想，但是积木游戏的具体实现方式会影响孩子学习的成果。重要的不单单是摆弄积木或者乐高（正如格伦伯格的实验结果所证明的）。格伦伯格的研究清楚地表明，只有当教具和亟待解决的问题中的具体内容相关联时，教具才会有积极的辅助学习作用。

为什么孩子的动作和故事内容之间的联系很重要？注意"每个"这个词，格伦伯格认为孩子在处理这个词的时候尤其费力。要理解这个词其实相当困难：这个词必须和具体的物体集合相联系，而这个集合中的物体仍需被视为独立的个体。读到"每个"的时候不仅要知道有一群鳄鱼，读者还需要意识到一共有两条鳄鱼，而这两条鳄鱼需要分别喂食。

通过实体来操作鱼和故事中角色的关系，让个体化变得很清晰，孩子需要为每条鳄鱼数相应的鱼。当孩子没有进行和故事相关的计数时，这种关系就不那么明显了。事实上格伦伯格发现当孩子通过乐高计算时发生的最常见的错误，就是他们误以为河马和鳄鱼在吃鱼之前一共有 11 条鱼，而不是 22 条。似乎孩子是因为没有理解"每个"的意思，从而忘记用 11 乘以 2 才能给两条鳄鱼和两头河马准备足够的鱼。通过利用相关的教具来表演这个故事，他们就会逐步掌握符号（比如"每个"这个词）的概念。

随随便便的动手活动并不是解决教育问题的万能法宝，但是精心设计的动作体验可以帮助孩子学习。为了获得动作带来的益处，孩子们并不需要走到哪里都带着为数学和阅读准备的工具箱。格伦伯格和他的研究团队也证明了，一旦孩子有了某些动作体验之后，他们就能根据故事在想象中完成这些动作并获得这些动作体验带来的好处。当词语和动作之间形成了联系，利用这些联系就很容易了。当然，认知科学家并不是最先鼓吹运动会对教育造成积极影响的人。玛利亚·蒙特梭利（Maria Montessori）是蒙特梭利教育运动的创始人，她在100年前写道："我们时代最大的错误之一就是把运动视为脱离于其他高等功能的东西……心智发展必须和运动相联系，也必须依附于运动……通过观察孩子就会清晰地发现他们的头脑发育是通过运动形成的……头脑和运动是一心同体的。"[10]

在蒙特梭利学校中，孩子通过描绘字母来学习字母表，而且和格伦伯格的阅读课一样，孩子通过表演老师朗读的句子来学习语法和词汇。在数十年间，蒙特梭利方法中强调的动态学习环境在很大程度上一直被主流教育者所忽视，但是神经系统科学和心理学的最新突破证明了运动对于理解的重要性。在如何帮助孩子更好地学习方面，这个关于体验学习的新研究为组织教育活动提供了路线图。头脑并不是一个跟身体和环境相分离的抽象信息处理器。头脑在很大程度上被身体和运动影响着。

☆　☆　☆

在一门叫作数学之舞的课上，人们在屋子里以特定的节奏绕着圈移动，领导者坐在中间打击小手鼓。数学之舞由编舞者埃里克·斯特恩（Erik Stern）和数学家卡尔·谢弗（Karl Schaffer）编排，这是一系列有全身参与的数学活动。[11]"许多恐惧数学的成人、小孩扔掉了数学，都是因为他们在拥有真实可靠的数学本质体验之前被灌输了一堆符号。"斯特恩说道。[12]数学之舞的设计目的在于让人们从实体角度体验抽象概念。把数学转化成运动之后，学生和老师也许就能更好地理解数字了。

通过舞蹈，谢弗和斯特恩25年前在加利福尼亚的圣克鲁兹相遇。当时斯特恩正在和Tandy Beal & Company舞蹈团⊖一起跳舞。谢弗正在加州大学圣克鲁兹分校攻读自己的博士学位，但同时他也是舞蹈系的常客。

他俩一拍即合，几年之后开始创作探索数学和舞蹈之间联系的作品。[13] 1990年时他们表演了第一支数学之舞，叫作《谢弗和斯特恩：两个跳数学的人》。这个表演非常受欢迎，他们很快就开始在全美进行巡回演出，他们在学校和教育机构表演这支数学之舞。没过多久，老师们开始询问是否可以把表演中的某些活动用于教学。所以谢弗和斯特恩开始把他们的表演转化成一系列课上的数学活动，也就是后来的数学之舞。

他们从一个称为"数握手"的活动开始，直接从开场舞过渡到表演当中。当斯特恩和谢弗表演时，他们的开场几乎就是一系列杂耍式的握手动作，表演当中的两个人似乎怎么也无法找到握手的方法。当他们终于搞明白如何握手的时候，突然意识到自己动不了了。当舞者刚开始表演时，他们两个人被实际上可能发生的不同握手方式给弄晕了。学生两个一组，通过一起探索两个人同时只用一只手可以用多少种方式来握手，从而创作一系列的动作。比如第一个人可能先用他的右手来握第二个人的左手，然后左手握右手，左手握左手，右手握右手。因为每个学生都有两只手，所以很明显一共有4种可能的排列组合。但是后来学生们发挥了创造力，用秘密握手的方式增加了握手次数。他们用这

⊖ Tandy Beal & Company舞蹈团是一个在北加州很受欢迎的表演艺术场景的团体。——译者注

种方式理解了离散实体的概念。

离散实体，比如握手或狗，只能用整数表示，而不像水或是树的高度可以用分数来表示。虽然学生在一开始可能并没有意识到，但是通过参与简单的数学之舞握手，他们就完成了组合学的离散数学题，这个领域的数学解决的是计算物体排列组合的问题。体验其中的物理元素可以帮助学生理解数学的抽象性，特别是独立实体的意义。

理解事物的组合关系并探索所有的排列可能，能够帮助学生理解他们即将在随后的学习生涯（从小学到大学）中遇到的数学概念。就拿下面这个中学生常见的代数问题为例：

约翰有 2 件衬衫和 3 条裤子。他可能有几种全套服装？

答案：有 2×3＝6 种可能的全套服装（假设约翰不是裸体主义者，他需要穿一件衬衫和一条裤子）

莎莉的车里有 6 台 CD 机和 100 张 CD。她有多少种装载 CD 机的不同方式？

答案：有 100 种方式可以选择第一张 CD，99 种方式选择第二张，98 种方式选择第三张，97 种方式选择第四张，96 种方式选择第五张，95 种方式选择第六张。所以 100×99×98×97×96×95＝858 277 728 000（假设莎莉总是同时装载 6 台 CD 机）

能从实体方面感受离散概念的学生能够更好地把方程关联到背景，甚至还能通过列举不同的可能组合来判断他们得到的代数方程是否正确。就像是在格伦伯格的数学故事问题中，三年级的学生数出一定数量的鱼分给每只动物一样，理解离散的概念并认识到可能的排列组合数是确定存在的，能够让学生在抽象代数和具体的事物之间找到联系。

在另一项"数学之舞"练习中,每个学生首先都准备好一个动作。然后他们两人一组,扔10次硬币。正面代表一个伙伴做一次动作,背面代表另一个伙伴做一次动作。在开始扔硬币之前,学生会预测他们每个人会做几次动作。在练习之前,大部分学生假设他们所做的动作数量大致相等。但是他们很快就发现事实并非如此,正面和背面出现的概率并不是50%,至少在你迭代几千次之前正反面出现的次数并不接近。孩子认识到,他们扔的次数越多,得到的概率就越接近50%——这也是概率概念的关键。

也许"数学之舞"最让人惊讶的地方在于动作本身的重要性。一边跳舞一边扔硬币是谢弗和斯特恩概率课程的重要部分,因为相对于静止状态,我们在移动时能够更好地记住概念。

舞者很早以前就已经意识到了身体对于记忆的重要性。当芭蕾舞者学习新的编舞时,他们用身体表现出动作次序,从而把舞步存入记忆。当被要求回忆他们所学的动作时,舞者趋向于根据一起律动的身体部位,成段地回忆起舞蹈动作。他们把自己的身体当作助记手段,帮助自己组织舞步,这样的方式让人更容易记忆。同样,把动作和数学相连能帮助学生"为数学编舞",让他们理解不同的概念是如何组合的,这种方法让概念更好记。

舞者以外的身体表演者也理解身体和头脑之间的联系。从花样滑冰运动员到体操运动员,再到奥运级别的跳水运动员,他们了解自己身体的每一寸肌肉,同时也知道他们表演的惊人技巧其实都根植于数学和物理的法则。比如英国跳水运动员汤姆·戴利(Tom Daley),在2010年德里举办的英联邦运动会国际跳水比赛上,他不仅摘得两块金牌,还以他年轻帅气的外表和魅力赢得了世界的关注,大家都期望他在2012年的伦敦奥运会上能再度获奖。但是问题在于汤姆只有16岁,并且仍然处于发育阶段。"我现在身高1米76,如果高于1米83的话就有问题了。"在印度的比赛结束后,他告诉BBC的记者,"如果你太高的话，那么旋转就会变慢，所以在入水之前就无法达到预定的旋转。所以你只能祈祷自己不要长得太高。"[14]

当 2012 年奥林匹克运动会临近时，汤姆长了约 5 厘米，身高 1 米 81。谢天谢地，凭借最后的惊人一跳，他巩固了自己在颁奖台上的位置，汤姆在伦敦奥运会上获得了一枚铜牌，也赢得了家乡人民的拥戴。大卫·贝克汉姆给他发短信祝贺，首相卡梅伦也亲自接见了他。[15] 但是胜利之路并不总是一帆风顺的。为了赢得比赛，汤姆在伦敦奥运会之前的几年中学习了一些新的跳水动作，虽然他的身高问题存在，但是他仍然可以做出多重旋转从而赢得一个较高的难度系数。无疑，他的教练和他自己对于物理的理解在他们编排新的跳水动作时起到了至关重要的作用。

对于物理的理解可以帮助运动员更好地移动和旋转身体，与之相对的是我们的移动方式也会帮助我们思考数学和科学的相关问题。

☆　☆　☆

苏珊·费舍尔（Susan Fischer）在芝加哥德保罗大学的物理入门课上生龙活虎，急切地想要让她的学生对当天所讲的话题——转动惯量——感兴趣。但是她并没有成功。秋天的芝加哥，大量的冰雪即将来袭，芝加哥人习惯于珍视每一个"最后的艳阳天"。学生们时而听课，时而通过教室左侧墙壁上的两扇大窗户向外望，温暖的阳光从窗外倾泻而入。我坐在最后一排，从这个有利地形观望，还可以看见很多人在查收邮件，或者上网。一个坐在我正前方的女孩甚至还在电商网站上买了一双鞋。忽然，费舍尔在她的幻灯片上展示了一个突击测验。突然间所有人都在惊慌中抬起了头。甚至买鞋的人也停了下来。

这就是费舍尔在屏幕上展示的问题：

一个固体圆盘和一个固体圆环，质量和直径都相同，它们被放置在木质斜坡的顶端。当它们被释放之后，在重力的影响下开始沿着斜坡向下滚动并且没有打滑。如果圆盘和圆环在同一时刻被释放，以下哪句话是对的？

A. 圆盘会先到达斜坡底端。

B. 圆环会先到达斜坡底端。

C. 圆盘和圆环会同时到达斜坡底端。

除了学生窸窸窣窣地在背包和手提袋中翻找"遥控器"（一种可以让教师快速测试学生的手持设备）的声音，教室里一片寂静。当费舍尔宣布并不需要遥控器的时候，我听到所有人都松了一口气。她告诉学生他们要利用自己的身体来找到答案。教学助理出现在过道上，把塑料尺子和黑色长尾夹发给每个学生。我也得到了一把尺子和一个夹子。费舍尔告诉我们用拇指和食指捏住尺子的一端，然后感受让尺子上下晃动有多么简单。然后她让我们把夹子夹在尺子的另一端。"还像刚才一样。"她说道。突然之间，让尺子上下晃动变得非常困难。然后费舍尔向我们演示，当你把夹子夹到离拇指和食指越近的地方时，尺子就越容易晃起来。你可以真实地感受到这样的区别，而且当学生最终被告知要选出这次突击测验的答案时，绝大部分的学生都正确地选出了答案（答案是A，顺便说一句）。

费舍尔说在她引入交互元素之前，学生并不理解这个圆盘和圆环问题。这就是为什么很多高中的物理课会加入去游乐园的实地考察：在乘坐过山车的时候学生可以亲身感受转动惯量，这给抽象概念赋予了确确实实的意义。

和质量一样，转动惯量也是物体的属性。无论你如何看待或者摆弄物体，物体都拥有质量，但是转动惯量则不同，它依赖于质量在物体上围绕轴心或旋转点的分布情况。质量离旋转点越近，转动惯量越小，也就越容易移动。这就是为什么当大部分质量（夹子）离旋转轴（这里指的是学生的拇指和食指）更近的时候，带着夹子的尺更容易上下晃动。这也是圆环会在圆盘之后到达木质斜坡底部的原因。只要圆盘和圆环的质量相同，圆环就会具有更大的转动惯量，这就意味着圆环更难滚动，所以它会在圆盘之后到达底部。

费舍尔认为让学生去亲身感受转动惯量这种属性会帮助他们打开大脑的运动区，这个区域在日常生活中负责记忆质量和旋转。毕竟，进化后的运动系统是帮我们处理旋转的物体、协助我们操纵不同质量的工具的。让大脑的动作中心根据动作思考物理概念是最好的学习方法。

费舍尔并不是偶然间发现体验的力量的。从她高挑的身材，你可能看不出她曾经是一位很有实力的跳水运动员——正如奥运会选手汤姆·戴利所说，这项运动就像体操一样，个子高反而是一种劣势。在跳水运动中，难度大就意味着高分，而难度系数高的动作需要在空中完成大量转体动作。个子越高，转动惯量就越大，人旋转得也越慢，能够完成的转体动作也就越少。换句话说，如果你身高过高，就会旋转得很慢，在落水之前就无法完成所有的转体动作。这也是为什么花样滑冰运动员在身体紧缩的时候能够快速旋转的原因。当你把手拉回身体的时候，转动惯量就减小了，你就会旋转得更快；当你伸出手的时候，你就慢下来了。在跳水运动中，费舍尔就是圆环，而比她身形更小的对手就是圆盘。

费舍尔让她的学生坐在旋转的椅子中提起双脚，体会花样滑冰运动员的感觉。如果你的每只手都抓着一本书并且把手臂伸出去，然后再把手臂拉回来，旋转的椅子就会加速。她相信，如果学生可以感受到这种转动惯量的变化，如果他们让身体也参与到对概念的理解中来，那么他们在相关概念的考试中就会做得更好。几年前在芝加哥举行的一次女性科学家集会上，我们第一次认识，她当时把这个想法告诉了我。我被她的理论所吸引，身体体验能够影响思考的观点也让我着迷，所以我主动提出要帮助她检验她的直觉（在我的明星研究生之一卡莉·康特拉（Carly Kontra）的帮助下完成）。

我们已经发现成为物理系统的一部分能够提高学习效率。我们的学生参与了在转椅上移动手臂的实验、长尾夹实验，我们还把车轴（带有正在旋转的自行车轮）从竖直变为水平，然后再变为竖直，从而改变车轮旋转的方向。与仅仅在课堂上观看演示或者在书本上阅读单一枯燥的物理原理相比，身体体验可以显著地提高学习成绩，这在家庭作业、小测验以及考试中都可以体现出来，这种效果甚至可以持续几周。[16]

为什么？用 fMRI 观察积极参与物理概念（如转动惯量、角动量、扭矩）的学生大脑后，费舍尔和我的研究小组发现运动皮质——参与计划和发起动作的脑组织——被激活了。在物理上体会了这些概念之后，学生随后在参加相关概念（比如角动量）的小测验时，就会激活运动皮质。就像是他们的运动系统通过重演之前的经历，来帮助他们分析当下无法真实看到和感受到的情景。运动皮质参与得越多，学生在涉及物理力学的考试中表现得就越好。总而言之，身体的参与有助于头脑的学习。

第 4 章

久坐无创新
运动是如何激活创造力的

当我们阅读一些令人困惑的东西，或试图找到难题的答案时，久坐可能是最差的一种状态了。真真正正地跳出思维框架或者物理局限（户外散步，来回踱步）可能会在遥远的概念之间创建新的联系，这也就是创造力的真谛。

用动作来洞察

谷歌公司总部（也称为谷歌村）坐落于加利福尼亚山景城，占地26英亩⊖。谷歌有四座主建筑，每座建筑中都包含各种不同风格的计算机科学家、工程师，以及管理者。虽然可能根据每个人的职能为谷歌员工分类是一种很直接的方法——工程师在一座大楼，管理者在另一座大楼，但谷歌公司不是这样运作的。对于谷歌来说，空间是为了培养交互氛围而设计的。人们各司其职，在谷歌园区内混搭着工作，而像室内树屋和网球场这样的场地则是为了鼓励员工站起来多活动。

谷歌认为整个园区的设计目的在于鼓励不同团队之间的交互，激发在正常情况下不会发生的交流。但是这样的交互氛围同时也鼓励了运动。我们已经见识到动作是如何帮助孩子学习，协助成年人记忆的。运动也有益于解决问题，甚至还能增加生产力，因为在思考过程中，需要运动的不仅仅是头脑，还有身体。

为了更好地感受运动对解决问题能力的提升，可以考虑以下的情境：

> 你是一个医生，并且认识到你的病人有一个不能手术的胃肿瘤。如果激光强度足够强的话，特定的激光可以破坏这个肿瘤。这是好消息。但是坏消息是，足够破坏肿瘤的激光强度，同样也会破坏肿瘤周围的健康组织。肿瘤是恶性的，如果你不动手术的话，病人就会死。你怎样才能破坏肿瘤，同时又不损坏激光必须经过的健康组织？有没有哪些做法可以在消灭肿瘤的同时保证肿瘤周围的健康组织不被损坏？

如果你的结论是你的病人要完蛋了，那么你并不是唯一这么想的人。这是一个很难解决的问题。事实上只有大概10%的大学生在被第一次问及这个问题时能够正确地作答。[1]有一种可以增加成功率的简单方法，可能你已经猜到

⊖ 1英亩约合4047平方米。

了，这个方法需要用到身体。有一些人得到了这个问题的计算机绘图（一个描绘肿瘤在内部、外部包裹着健康组织厚层的圆形），他们被要求考虑问题的可能解决方案，但是还有另外一些人，除此之外还被要求同时跟踪屏幕上的小圆点——小圆点出现在组织边界的不同位置，在健康组织和肿瘤之间来回移动，而这些人更有可能得到正确的答案。[2]

如果你还没有想出办法，我可以告诉你问题的解决方案就是在病人的周围放置一些单独的激光，每个都瞄准胃肿瘤。如果每个激光都能传递少量辐射，最后你就能积累足够的辐射来破坏肿瘤，同时还能保护周围的健康组织。

通过用某种方式移动身体（这个例子中是眼睛）来模拟解决方案，人们就会想到在别的条件下无法发现的办法。学生认为这个圆点任务是用来分散他们的注意力的，会加大他们解决问题的难度。但是当眼睛找到多条激光从不同区域汇聚于肿瘤的路径时，跳动的圆点实际上起到了帮助作用。

在我们有意识地开始关注一些想法之前，移动的身体已经在不知不觉中把这些想法装进了脑子，这样就改变了我们的思想。人在解决问题的时候一直都在利用身体，只是自己还没有意识到。在这个肿瘤问题中，研究者发现我们经常无意识地努力解决这个案例，就是通过眼球的移动来检测我们所有可能的解决方案。最有趣的是，在学生认为自己找到正确答案之前，事实上他们已经在眼球移动的过程中发现了解决方案。[3]

身体和头脑之间存在的直接联系到底是为了什么？我们通过自己的切身体会来让这个目的具象化。比如，温暖的触感会让我们联想到社交亲密性，握拳让我们感觉更加笃定。一个人一旦运动起来就会更愿意去体验某种想法，而该想法和这个运动具有一定相似性。这也是为什么以模拟肿瘤问题解决方案的方式移动眼球会提高找到真正答案的概率。

有时候找到解决办法的最好方式就是动起来。这是舞者已经遵循了多年的忠告。他们经常利用动作来创造新想法。当舞者试图创建一个新动作的时候，他们的身体就是媒介，就像是艺术家利用油彩，或小提琴家利用小提琴的声音来进行创作一样。选择不同乐器或者把油彩换成铅笔会改变艺术形式，改变身体也会有同样的效果。让身体绷直起来，舞蹈的风格和形式就会被改变。身体结构就是创造力的最前沿，也是创造力的核心。思考过程遍布全身。换句话说，很多表演者是用身体来思考的。[4]

对于行动影响思想——特别是创造能力——的更有力的证据，可以在关于比喻的研究中找到。我们经常使用比喻，有时是为了跳出思维框架，有时是为了合理推论，有时则是为了先考虑一方面，再考虑另一方面。

但是这里才是最有意思的地方：当我们真正能够完成创造性的比喻时，我们的创造力就会得到提高。当你让人们做某些事时，比如给 measure（测量）、worm（蠕虫）、video（视频）都加入一个新词，由此形成三个新的合成词，大多数人都会觉得这个任务很难。答案是 tape（带），tape measure（卷尺），tapeworm（绦虫），和 videotape（录像带）。要想找到答案就需要在头脑中搜索几个词之间的广泛联系，用有创意的方式把几个词联系起来。这并不简单。但是当人们真的实现"跳出思维框架"这个比喻时，就会变得更加有创造力，也就能更好地解决关于合成词的谜题。

为了论证创造性比喻是真实存在的，康奈尔大学的研究者构建了一个用 PVC 管和硬纸板制成的盒子，每一面长 5 英尺（约 1.5 米）。所以一个人可以舒服地坐在盒子里。研究者把盒子放进实验室，然后要求志愿者完成 10 个和上面类似的关于合成词的谜题，志愿者要么坐在盒子内，要么坐在盒子外。为了让他们觉得坐在盒子里不是一件奇怪的事，志愿者被告知科学家正在研究工作环境对思维造成的影响。惊人的是，坐在盒子外面的人解决的合成词谜题比坐在盒子内的人解决的要多，也要比他们自己在没盒子的时候解决的多。

研究者使用的 10 个文字谜题是：

1. Print（打印）–Berry（浆果）–Bird（鸟）_____
2. High（高）–District（地区）–House（房屋）_____
3. Fish（鱼）–Mine（我的）–Rush（匆忙）_____
4. Basket（篮子）–Eight（八）–Snow（雪）_____
5. Mouse（老鼠）–Bear（熊）–Sand（沙子）_____
6. Cadet（军事学员）–Capsule（胶囊）–Ship（船）_____
7. Fur（皮毛）–Rack（架子）–Tail（尾巴）_____
8. Hound（猎犬）–Pressure（压力）–Shot（发射）_____
9. Flake（薄片）–Mobile（移动）–Cone（圆锥）_____
10. Safety（安全）–Cushion（垫子）–Point（点）_____

答案：

1. Blue（蓝）
2. School（学校）
3. Gold（金）
4. Ball（球）
5. Trap（陷阱）
6. Space（空间）
7. Coat（大衣）
8. Blood（血）
9. Snow（雪）
10. Pin（大头针）

当人们可以自由走动时，相对于坐下或以方阵形走动，更有可能会想到有趣的标题，对于不熟悉的物体也能产生更加独特的想法。[5] 所以下次当你为即将刊登在《纽约客》上的卡通漫画想标题时，站起来走走吧。可能通过这样的动作，你就能找到神来之笔了。

当我们阅读一些令人困惑的东西，或试图找到难题的答案时，我们的直觉通常告诉我们坐下来并停下手里的所有事情来达到聚精会神的状态。我们很少考虑应该用身体来做些什么。久坐可能是最差的一种状态了。创造性比喻的字面意思和抽象意义已经变得互相交织，所以这些比喻已经具有了自己的真实存在特性。这也就是完成或者实现创造性比喻可以增加创新主张的原因。真真正正地跳出思维框架或者物理局限（户外散步，来回踱步）可能会在遥远的概念之间创建新的联系，这也就是创造力的真谛。我和我的同事确实开过这样的玩笑，成为教职工最大的好处并不在于拥有自己的办公室，也不在于获得比研究生时更（稍微）高的薪水，而是在上课时，我们不用再呆坐在研讨桌前了。我们在思考时可以来回走动，我们可以使用身体流畅的动作来帮助思维解除桎梏。

我们通过亲身经历来创造现实。也许这就是中国健身球（还被称为保定球）成为总裁桌上必备品的原因吧。大多数人认为这种球是一种舒缓压力的东西，或者只是在接电话或开会时手上摆弄的玩意儿，但是这些在手间传递的闪亮小银球很可能具有一种更重要的功能：提高创造性思考能力。把保定球从一只手移到另一只手可能会帮助我们思考"一方面和另一方面"。动态地协调手的动作可以改善用来解决创造性问题的精神机制，帮助我们从多个角度审视问题。移动身体为创造性思维带来的意外好处揭示了身体动作对于提高工作表现的重要性。我们生活的年代让人很容易处于静止状态，在办公桌前、电梯中、会议中，但是静止不动会抑制我们的思维。

我们的行为也会影响我们的掌控力和主动性。加州大学伯克利分校哈斯商学院的教授达纳·卡尼（Dana Carney）认为要想在工作中获得成功、提高效率，就需要向你的大脑发送信号："这是我的责任，我感觉很好，出发。"[6] 想要发送这种信息的方法之一就是调整身体。卡尼与她的同事艾米·卡迪（Amy Cuddy）和安迪·叶（Andy Yap）发现，当人处在开放、扩张的姿势（也被称为有力姿势）时，他们的精神状态就会更好。因为有力姿势可以增加大脑和身体中循环的睾酮含量。

睾酮是一种性激素，它是体育比赛兴奋剂丑闻中的常客，运动员在身体中注射大量睾酮是为了快速提高肌肉的质量和力量。但是这种激素也会影响大脑。增加睾酮含量会增强自信、注意力以及记忆力。睾酮也和竞争性与冒险性相关，让你有信心面对问题、解决问题。保持身体姿势的方式看似简单，但是当你需要冒险提供一种创新的解决方案时，这类简单的行为却能帮助你说服自己和别人，让人们认识到你观点中的优点。

卡尼和她的同事发现，一分钟的有力姿势提高的睾酮含量，和大多数人赢得比赛时所提高的睾酮含量大致相同。[7] 简而言之，有力姿势可以造成这样的区别：在会议中站稳脚跟并获得成功，或者被迫屈服达成一个不利的交易。你可以从一个人的身体动作中看出很多关于个人感受的信息。感觉焦虑的人倾向于让身体不自然地移动，并且从他们的交互对象身边移开，哪怕他们发誓自己并不焦虑时也是如此。当身体泄露真实的信息时，你是无法掩饰自己的感受的。[8]

令人惊讶的是，身体语言经常会比面部表情更能表达出个人感受。几年前，一群普林斯顿大学的心理学家把专业网球运动员（如莎拉波娃和安迪·穆雷等）的照片分成三组，分别是他们在重要比赛中得分和失分之后的照片：第一组是露脸的全身照片，第二组是不包含身体的脸部照片，第三组是不包含脸部的身体照片。当研究者要求志愿者猜测网球运动员在照片发生时刻的感受时，他们发现无论有没有观察脸部，观看者在能看到运动员身体的情况下，就能更准确地猜测出运动员的感受。[9] 当人通过身体表达自己的感情时，利用的不仅仅是面部表情，其实是整个身体。也许这就是为什么我们对人在特定情况下（特别是好胜时）表现出的姿势特别感兴趣，无论是在体育比赛中，还是在商业领域中。

当牙买加短跑传奇博尔特在2012年的夏季奥林匹克运动会创造了新的奥运男子100米短跑纪录后，他把一条胳膊伸向天空，就像是要向上发出一个闪电球一样。这个开放的身体姿势马上在全世界范围内被模仿，这个动作发出了一个强烈的信号：谁才是赛道之王。意大利国家足球队队员巴洛特利在2012年欧洲杯的比赛中进球之后摆出了一个姿势。想象一个留着莫霍克发型、袒露着胸的前锋，以一种宽阔的姿态伸出双臂并在两侧向下弯曲，双拳紧握，他脸上的表情就像在说："我可以随心所欲地得分。"他的姿势反映出谁才是主宰，同样也让他感觉到自己是比赛的赢家。很容易就能在网上找到关于大人、孩子，甚至是宠物模仿前NFL（美国橄榄球联盟）四分卫提姆·提博（Tim Tebow）的标志性姿势的照片：单膝跪下，就像是要向爱人求婚那样，然后把手肘放在弯曲膝盖上并弯曲手臂，把手紧握成拳头。

提博可能是因为表演了一出好戏而感谢上帝，但是他的扩张性姿势同样也向大脑发送了一个关于场上统治力（虽然有些短命）的强有力信息。最后，想想特朗普（Donald Trump）在他的电视节目《飞黄腾达》中和选手交谈时双腿岔开的姿态，甚至在电视采访中谈论工作的新进展时，他也是这样的姿势。用你的身体占据很多空间，你就会发出关于自信心和统治力的信号。简简单单地呈现出某种姿势，你就能改变自己的所思所感，甚至还能改变在你身体中循环的睾酮含量。

开阔的姿势容易增强我们关于力量和控制的感觉。甚至还能让我们在争取自己想得到的东西时，获得冒险的勇气。另外，这些动作会提高我们向他人投射力量和自信的能力。除了显而易见的做法之外，我们在如何摆放身体上还能做得更多。以下就是几种有效的、可以利用的姿势，无论你身处会议中，还是正在向客户宣讲，或者在进行电话谈判，抑或自己孤身一人。这些姿势利用的都是摊开四肢、占据大量空间的办法：

如果你站在书桌前，站直了，并且把双手分开。

在会议中把手臂放在旁边的椅子上。这样能打开身体，让你占据更大的空间。

把手放到脑后，手肘向外。

不要让腿交叉，而是把双腿架在前方的桌子上。这个姿势会让你占据额外的空间，同时创造精神和身体上的扩张感。

当你打电话的时候，可以尝试一下这些技巧，这些姿势会让你在身体上和情感上感觉更"大"，更加自信和笃定。

无论你选择的姿势是什么，都要穿不拘束的、舒服的衣服。无论你是在回复邮件，接听重要的电话，还是正在一场热火朝天的会议中，你都希望身体和精神可以拥有伸展和释放的感觉。

在你展示出你最为宽阔的姿势之前，有一个警告：扩张的身体姿势确实能让你感觉到力量，这可能是一件好事。但是从我们对历史和政治的了解来看，力量可以导致不诚实的行为——欺骗、偷窃，以及其他形式的腐败。一个研究发现经常摆出扩张性姿势（双腿张开，手臂向外伸展并把手放在臀部上）的人和经常摆出收缩性姿势（站立时手臂交叉，腿交叉）的人相比，更容易留下"不小心"多领的钱。

以扩张性姿势坐在书桌前的人也比收缩性姿势的人更容易在考试中作弊。甚至，如果司机在驾驶时座椅更宽阔（操纵方向盘时可以伸展开来）的话，相对于座椅更小的司机，座椅更大的司机也更容易在纽约的街道上非法并排停放车辆。[10]

我们需要记住的是，扩张身体可以是一种强有力的心理助推器。只是要小心，不要因为错误的理由而使用这种力量。

记忆

生理和心理活动之间有着很强的联系，移动身体可以改变你的想法。

无论你是在移动眼睛、自由行走，或是摆出不同的姿势，你的身体都能改变你的看法并影响其他人对你的想法。就像是舞者利用身体记忆角色并和角色沟通一样，演员也认识到身体在沟通见解和想法以及记忆台词上的重要性。当演员学习自己的台词时，他们不仅要集中注意力在书面的词语上，还要想象角色在念台词时的每个细微动作。动作会在记忆中灌输情感，这会让记忆更长久。我们的人生经历会影响我们对所见、所听、所读的理解。

虽然演员很少把记忆当作自己职业的标志性特征，但是记忆大量对话的能力，以及能够轻松把台词在恰当的时机说出来的能力，是一种非常了不起的技艺。一般人可能觉得演员学习一个剧本需要死记硬背很多天，几周，甚至几个月的时间，但是演员不是这样工作的。就像一位专业人士所说的那样："大多数时候我是通过'魔法'记忆的——也就是，我并不记忆。并没有怎么努力。也没有什么很特别的过程，一切就这样自然而然地发生了。在某一天的清晨，我就知道台词了。"[11]

这是怎么回事？人类头脑的最大谜团之一就是我们记忆信息的方式，为什么我们随后恰好在某个时刻能重新调用这些信息？除了演员，这也是很多人都需要努力去做的事。上学时，因为重要的考试学生需要用很多时间记忆信息；律师努力记忆开场陈述和终结陈述，以便在法庭上可以连贯而有信服力地陈述；总裁必须投入精力记忆要展示给董事会、顾客以及雇员的关键元素，好让一切能够顺利地进行。但是演员记忆台词的本领却是"不按常理出牌"的，他们把身体当作工具。当他们积极地感受他们要扮演的角色所说的话时，通常都需要把具体的对话和具体的动作相联系。研究表明在表演动作的时候说出的对话，比如在舞台上走动时念出台词，会比在不配合动作的情况下更容易被记住。甚至在最终表演几个月之后，演员在配合动作时，也比单纯地坐着能更好地回忆起台词。[12]

为什么充满动作的经历对于把信息提交给记忆那么重要呢？可以考虑以下情况：一个角色在舞台上穿过，捡起一个瓶子，然后说道："这就是我解决问题的方式。"演员知道角色为什么要这么说，这件事影响了演员走向瓶子的姿态，甚至还影响了他抓起瓶子的手势。无论角色是否要从瓶子中喝一大口然后把瓶子扔向另一个角色，或是把瓶中的东西倒进水槽，都会影响他的行为。这个瓶子可以表现出那个时刻的状况，而这个状况可以约束他将表演的动作。也可以反过来说：演员如何去处理这个瓶子将决定那个时刻的状况和他那时可能说出来的话。如果演员说这个瓶子中装着价值不菲的葡萄酒，然后再把瓶子扔进垃圾堆，就是件很奇怪的事了。随后当演员从记忆中提取这段情境的时候，他们回想起的是对话和行为。因为他们表演的行为限制了可能的对话范围，所以他们就能更好地记住台词。演员的感官体验和运动体验的特殊性能够帮助他们回想起字面上的词语。记忆根植于身体。[13]

当我们的年龄逐渐变大，我们记忆信息细节的能力就会减退（这已经不是秘密了）——这是老年人及其身边人心情沮丧的主要原因之一。但是只要轻轻松松地参加表演课程，就能促使我们成为日常生活的运动体验者，如此我们就有了对抗记忆衰退的武器。学习表演课程的老年人确实比那些参加艺术欣赏课的老人记忆力更好，其原因就是表演课让老人成为运动体验者。人们把在表演课中学到的策略用到了日常生活中，他们把动作作为回忆起所有事情的"牵引绳"。[14]

无论你是在有 200 位亲朋好友出席的婚礼上说祝酒词，还是向你的同事发表重要讲话，或者只是在回想你的老板有几个孩子，你都可以利用身体来帮助你记起这些事情。准备祝酒词的时候可以练习拿起酒杯，讲话的过程中可以加入手部动作，回忆老板有几个孩子的时候你可以尝试用手指来表示。

这样，当所有人都看着你，而你试图回想起台词的时候，你的身体就会承担起帮助你回忆的任务。记忆并不只局限于脖子往上的部分；你的整个身体在记忆过程中都有着重要的位置。

这里有两个你可以运用的记忆小窍门，无论是在学校，在办公室，还是在舞台上：

测试自己。练习回想你在考试或向客户宣讲过程中所需要的内容，你可以尝试把它作为你的一种学习方法。我们很少把考试看作学习活动，但是很多研究都能证实考试确实是一种学习活动。考试似乎可以从很多方面帮助我们把信息载入记忆：考试帮助我们把已知的和正在学习的事物联系起来，所以到了后来我们需要检索信息的时候就会有很多不同的方法；考试能够帮助我们弄明白我们还需要学什么，然后专注于接下来的学习活动。[15]

展开练习活动。无论是为了考试还是大型演讲，我们大多数人都曾经把准备的时间留到最后一刻。临时抱佛脚总比一点儿都不学强，而且还能在短时间内帮助你回忆起一些信息，当你规划好时间、分配好工作量来努力记忆信息时（被称为分配学习），你就更有可能把信息记住更长时间。[16] 这是因为当我们把更多的空间放进学习片段之间时，每次我们就需要更加努力地回忆信息——这种做法帮助我们更好地记忆。[17]

我们的身体帮助我们回忆信息，同时也帮助我们和其他人交流。经常，手部动作尤其能够帮助我们向他人传达信息。我们用手指路、表达我们的感受、为我们所说的话增加意义和重点。但是我们在没人注视的情况下也会用手势，比如在讲电话的时候。我们移动身体的方式提供了一个隐蔽的方式来表达我们的想法。但是我们的身体动作同时也可以改变头脑。

第 5 章

右手＝好事，左手＝坏事
身体语言如何帮助我们思考和交流

　　当移动筹码下注的时候，扑克玩家的动作会泄露他们手中牌的质量。因为当我们充满自信、没有焦虑的时候，我们的动作会倾向于更加流畅，被判定为动作更加流畅和自信的扑克玩家最终也被证实拥有更好的牌。

我们用手思考

2008年10月15日的晚上，参议员约翰·麦凯恩（John McCain）和巴拉克·奥巴马（Barack Obama）在纽约霍夫斯特拉大学登台，进行2008年美国总统大选的第三轮也是最后一轮辩论。那天离选举日还有不到3周的时间，这是候选人在全国性场合表达自己的最后一次机会。全国民调显示，奥巴马领先麦凯恩大约8个点，¹ 麦凯恩一上台就猛烈地攻击关于奥巴马的一切，从他的政治主张到他的个性。

奥巴马料想到这会是一场激烈的辩论；虽然他在比赛中领先，但是他也承受了很大的压力。几天前，在俄亥俄州荷兰镇举行的试选举中，民主党候选人和塞缪尔·约瑟夫·沃泽尔巴彻㊀起了争论，乔是一个高个秃顶的男人，他用自己的大嗓门质疑奥巴马的小型企业税收政策。乔说道，他要把自己工作的公司买下来，这家公司每年收入25万美元。他担心他收购了这家公司之后，奥巴马会增加他的税收。乔对奥巴马的挑战马上就吸引了媒体界的关注。第二天，"管道工乔"变成了一个家喻户晓的名字。但是事实证明，乔甚至都不是俄亥俄州的注册管道工，他也没有要购买雇用他的公司的近期计划。² 但是这些都不重要，奥巴马必须在辩论中正面回答乔的问题。

大约有2900万观众打开电视观看了当晚的辩论。对于电视台来说这肯定是一个不错的电视节目，选民们非常想听听每位候选人关于复兴经济的计划。麦凯恩毫不犹豫地说起了"管道工乔"的事，仅仅在前半段的辩论中就提到了十几次之多。奥巴马的计划是"增加（乔的）税收"，麦凯恩一边说一边用右手摆出了尖锐的手势。奥巴马发起了反击，通过用左手敲打前面的桌子来强调他的观点："我想要为95%的美国人减税，95%。"奥巴马的话本质上是要为

㊀ 塞缪尔·约瑟夫·沃泽尔巴彻（Samuel Joseph Wurzelbacher）更出名的名字是"管道工乔"，他是一位美国保守派积极分子和评论员，他也是一位共和党成员。——译者注

第5章 右手＝好事，左手＝坏事：身体语言如何帮助我们思考和交流

收入更少的美国人减税，好让他们能够负担得起更多。³

在这场竞争的后期，美国人都已经非常了解每位候选人的提议了，但是有人不光在听他们的演讲。心理学家丹尼尔·卡萨桑多（Daniel Casasanto）也在观察他们的肢体语言，特别是他们的手。人在讲话的时候总在打手势，很多时候自己都没有意识到。卡萨桑多——当时是斯坦福大学的博士后研究员——正在从事相关研究，试图更好地理解我们说话时做手势的原因。讲话者的手势是如何帮助他有效地向他人传递信息的？这些手部动作揭示了什么？卡萨桑多有一种预感，那就是手势是一扇展示人们真实想法的窗户。与说出的话不同，我们的手势更加自然且不受意识的支配。卡萨桑多认为手势可能揭示了人们犹豫要不要说出来的话，而且他对政治人物谈到敏感话题时的特定手势尤为感兴趣，这些敏感话题包括卫生保健和税制改革。

卡萨桑多观察到，从古到今，一直都有一种倾向：把右侧关联到"好"事上，而把左侧关联到"坏"事上。当人用右手打手势的时候，他们倾向于表明自己对所说之事持正面态度；如果使用左手的话，则正好相反。在古罗马，演说者被告诫在演讲时永远不能单单只使用左手；在现代加纳，用左手指指点点是一种禁忌。英语中的right和法语中的droit，以及德语中的recht指的都不仅是方向，这些词作为名词的意思还有合法权利和法律特权。这个词和法语中的gauche以及德语中的links正好相反，这两个词不仅有左的意思，还和表示令人不快或笨拙的词相关。也许《传道书》㊀的作者在这句谚语中总结得最好："这位贤人的心在他的右边，但是傻瓜的心则在左边。"⁴

为什么右和好事相关而左和坏事相关？卡萨桑多认为这和我们在世界中的体验有关。身体不是平衡的，也不是对称的，大多数人都有一只优势手。对于

㊀ 《传道书》（Ecclesiastes）是圣经中的一章，执笔者是大卫的后代所罗门，是耶路撒冷的王。——译者注

签名或者开锁这样的活动来说，用优势手来完成会更简单（更顺利）。有趣的是，顺利程度会影响人对于事物和其他人的评估：我们希望任何东西都出现在我们有优势的一方。当右撇子和左撇子被问及要买哪种产品，或雇用哪个求职者时（写有简要描述的纸张被放置在左边或者右边），惯于使用右手的人倾向于选择描述被放在右边的人或产品，而惯于使用左手的人会选择左边的人或产品。我们更加青睐方便我们行动的一方。简而言之，我们头脑中的内容依赖于我们身体的结构，而不同的身体则会形成不同的思考方式。[5]

这就意味着故事并不仅仅是右就是好，左就是坏这么简单。卡萨桑多相信把右和好相连（"我的得力帮手"（right-hand man））以及把左和坏相连（"我笨手笨脚的"（two left feet））可能是因为惯于使用右手的大多数人更喜欢用右手和世界进行交互（更普遍地说也包括右侧身体）。当然，这也意味着世界上少数的左撇子也是如此，对于他们来说这些关联就是相反的。换句话说，就算我们可以通过正在表述的人的手势来判断他们对自己所说话语的想法，我们解读他们手势的方式还取决于他们的惯用手。右撇子倾向于用右手的手势表达好事，而用左手的手势表达坏事。对于左撇子来说则正好相反。

在卡萨桑多观看2008年最后的美国总统大选辩论时，他意识到自己获得了一次绝妙的自然实验素材。他可以测试候选人是否更容易用他们的优势手来表示正面的信息。但是有一个小问题：麦凯恩和奥巴马都是左撇子。卡萨桑多找不到右手候选人作为对比。幸运的是，他可以把时光倒回4年前，看约翰·克里（John Kerry）和乔治·W. 布什（George W. Bush）的视频，他们都参加了2004年的美国总统大选。这两个人都是右撇子。

卡萨桑多进行了一个简单的测试：他分析了2004年和2008年总统选举最终辩论中所有候选人的讲话和手势，观察他们是否在表达正面信息的时候更容易使用他们的惯用手，而在表达负面信息的时候使用他们的非惯用

第5章 右手=好事，左手=坏事：身体语言如何帮助我们思考和交流

手。卡萨桑多和他的研究团队梳理了3000多句话，以及将近2000个手势。结果很清晰。对于奥巴马和麦凯恩来说，与左手手势相关的都是强烈的正面陈述，而与右手手势相关的都是负面陈述。而对于克里和布什来说，模式则恰恰相反。

民主党通常被认为处于政治光谱的左侧，而共和党则在右侧。但是卡萨桑多发现跟好情绪和坏情绪相关的手势取决于政客的偏手性，而非他们的政见。在麦凯恩满怀诗意地描述莎拉·佩林㊀（Sarah Palin）时，他用自己的优势手左手来做手势，并且说："她点燃了我们的党派以及所有的美国人民。"当布什谈到社会保障的时候（"他们会继续拿到支票"），他用右手做手势。政客用于打手势的手似乎有着意想不到的沟通价值，这些动作为选民提供了微妙的线索，而这些线索可以表明演讲者对自己所说的话的感觉。看一看奥巴马，他在2008年谈到医疗保险的时候就是用左手做的手势："你可以保留自己的医疗保险。"4年前克里在几乎相同的话题中做出正面论述时使用了他的右手："如果你想买的话，就可以买。"[6]

卡萨桑多在理解人的感情方面敞开了一扇窗户：重要的不仅仅是人说的话，还有他们的手部动作。手势揭示了一个演讲者对自己所说内容的态度，即使有时候他并不想把这个态度说出来。

肢体语言专家在各种情况下都有用武之地，包括帮助总裁更流畅地和商业伙伴互动，他们还会在FBI帮助探员确定一个人是否在说真话。[7] 这些专家经常通过对面部表情和眼球运动的研究来判断某个人是否在表达自己真实的想法和感情。现在我们知道了还可以利用手势的细节来窥视一个人的内心。

结果表明右撇子更加认同用右手打手势的演讲者；对于左撇子来说则正好相反。这说明对你的观众更加了解——你是在对右撇子客户宣讲，还是在对左

㊀ 莎拉·佩林是阿拉斯加州州长，2008年共和党候选人麦凯恩的竞选伙伴。——译者注

撒子客户宣讲——是很重要的。我们更加认同用我们的惯用手做手势的演讲者，就像是我们把自己投射到做手势的人身上一样。[8]这似乎只是一个小细节，但是在最为重要的任务面前，任何优势都不应该被放过。如果你想把人们同意你论点的概率最大化，那么就要用你的观众的惯用手来做手势。

甚至，你移动手臂的灵活程度都很重要。专业扑克玩家要用几个小时的时间来完善自己毫无表情的"扑克脸"，这也就是为什么他们的面部表情不会透露他们手中的牌。但是手臂动作可就不一定了。当移动筹码下注的时候，扑克玩家的动作会泄露他们手中牌的质量。因为当我们充满自信、没有焦虑的时候，我们的动作会倾向于更加流畅，被判定为动作更加流畅和自信的扑克玩家最终也被证实拥有更好的牌。[9]我们手臂的动作很容易透露真情。无论你说话的时候如何做手势，或者你如何把一张折叠的提案推到桌子的另一头，你身体的动作都会反映出你当时的心态。

☆ ☆ ☆

在日常的沟通中，我们会使用手势和其他形式的肢体语言。但是我们做手势的目的不光是向别人传达信息，我们也在为自己做手势。我们在打电话的时候会做手势，甚至当和我们谈话的人根本看不见我们的时候也是如此。移动双手可以帮助我们释放脑力。当我们做手势的时候，我们努力表达的东西可能无形中就藏在指尖上，我们通过空出更多脑力来掌握其他重要的信息。

两位来自芝加哥大学的心理学家大卫·麦克尼尔（David McNeill）和苏珊·戈尔丁-梅多（Susan Goldin-Meadow）极大地提高了我们对于手势和思考之间的联系的认识，这两位研究者进行了无数次的实验，试图证明当一个人边说边比画的时候，这些手势会给他带来能量。手势会帮助我们思考，更重要的是，相对于静止不动地说话，手势会让我们跳出常规思维。戈尔丁-梅多说道，关于手势有趣的一点是，通过手来表达的信息通常在同时进行的讲话内容中完全找不到。从这个角度说，手势似乎反映了讲话者自己都不知道的想法。对于在解决类似于"4＋5＋3＝___＋3"这样的问题时遇到困难的学生，如果教给他们模仿问题解决方案的手势，他们的表现就会有显著提高。这些手势包括：用两个手指的动作"V"把左侧独有的数字归并（也就是4和5），然后用食指指向右边的空白。令人震惊的是，当学生面对这类等值问题的时候，相对于只是教给他们"我需要让两边的值相等"，让他们学会使用两个手指的"V"字手势会增加他们解决问题的可能性。用手来展现解决方案能帮助学生们获得解决问题的更好方法。[10]

还有一种情况，那就是当学生几乎就要理解一个问题时，比如上述的那个数学问题，他们所说的解决方案和用手表达的东西经常是不一致的。比如，一个学生可能用两指"V"把4和5归并到一起然后挪到右边的空白（正确答案），而在同时却说："你把4＋5＋3加起来就能得到答案。"（错误答案）他们把正确答案藏在了某个地方，无法用语言说出来。当学生不动手，而是仅仅说出解决问题的方法时，他们就没有足够的渠道能够用来传达自己的所知所想。手势让他们有了另一个方法来表达正确答案。拥有更多找到正确答案的机会——就算你现在还不知道自己已经有了答案——会提高学生学习的可能性。

手势是如何改变我们的想法的？有一种理论认为，手势只是我们在精神上模拟表演各种动作时的外延。手势让我们的精神便笺本栩栩如生，让我们在真正做出动作之前用手来演示动作，或者是让我们在完整地思考整件事并总结成语言之前，用手来模拟这些行为。[11]

在一个实验中，孩子被要求解决图中所示的智力旋转区块问题。孩子更喜欢通过做手势来解决问题，就像是他们正拿着图5-1中的两个形状一样，他们首先把两个形状分开，然后再把它们挪到一起并旋转。

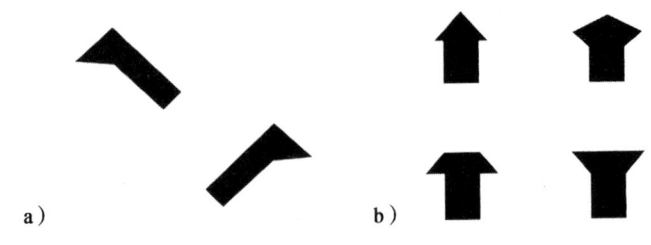

图 5-1

孩子被要求把两个a）中的形状拼凑成b）中的一个形状。

孩子的动作就好像是这些图形真的能被拿起来并且能被移动一样。一个孩子的手移动得越多，他就越能更好地解决这些基于空间的问题。[12]

当人们解释他们是如何完成各种活动（从打高尔夫球到成功地翻煎饼）的时候，他们都会做手势。他们用手比画动作就像是他们正在做他们所描述的行为一样。鼓励人们用七巧拼图来完成旋转动作、模仿高尔夫球的轨迹，甚至使用"V"来理解等价问题中一边如何等于另一边，这些都能够让人们学习。这是因为手势中的信息会作为新知识被加入我们的思想储备库——当手参与传达信息的时候，信息就更容易被表达和记忆。同时，用手表达的信息也可能是我们自己不知道，但是却一直在头脑中存在着的。[13]

缅因大学的化学教授在很久以前就开始研究手势的力量。在过去的几年中，他们曾经鼓励学生在化学入门课程中思考分子的时候做出手势。[14] 分子是三维的，学生们在用手表示分子的不同部分时，会更好地理解和记忆分子的结构。单单用语言很难形容一个三维结构，但是当我们可以用手在我们眼前创造出一个分子时，我们就能看得更清晰，也能记得更好。

手势可以帮助我们学习，也能帮助我们记忆。[15] 所以当你下次需要为考试或者工作中的大型演讲记忆信息时，你可以尝试在练习的时候加入手势。手势会帮助你抓住原本在演讲中很难表达的某个问题的微妙之处，同时手势也能在以后回忆信息的时候给你提供另一种办法。就像是演员把动作和台词相联系之后会记得更好一样,手势和讲话给我们提供了我们所努力记忆的信息的两个版本。当需要记忆的时候,你有两种工具(一种和动作相关,一种和讲话相关)来获得信息。

不仅仅是手势。我们的手部动作也会影响思考。在这个时代,很多交流都是通过虚拟世界完成的,短信、电子邮件,以及我们拨出的电话号码,这些都是传达信息的主要手段。此时,我们的手部动作和与之关联的键盘字母形成了我们的方言。这两者甚至影响了我们对于信息或电话另一头的人和公司的感受。你如何运用身体来交流,以及你如何才能轻松地做出那些能表达你对各种事情的感受和态度的动作,都会赋予肢体语言全新的意义。

意念控制

这是关于柯蒂(QWERTY)键盘的故事。这个名字来源于用英文打印机打出的最顶行左侧(从左向右读)的头6个字母。克里斯多夫·肖尔斯(Christopher Sholes)是一个报纸编辑,为了更快地写出报道,他在一台新型的改进打印机上研究了数年之久,终于在1868年得到了这个设计。他最先开发的这台设备是个麻烦。就像大部分那个时代的打印机一样,它的按键是根据字母顺序排列的,并且安装在机械臂上,机械臂挥上去把字母敲在带子上,这条带子被压在一张环绕着墨盒的纸上。当相邻的按键被同时按压,或者快速衔接的时候,机械臂之间就会互相碰撞,然后打字机就会卡住。因为打印的字母出现在纸滚筒的下面,所以你不能马上看到卡机是否造成了错误,直到你把墨盒拿起来检查你打的字时才会发现。

肖尔斯受够了这些问题,他决定重新排列他一直使用的字母顺序键盘,让经常在一起使用的字母对——比如"th"和"st"——远离彼此,这样它们的金属臂就不会交叉或碰撞了。这种方法帮助他避免卡机,并且让他更有效率地工作。

这个想法效果不错，肖尔斯把点子卖给了雷明顿——一家领先的打字机生产厂家——用来替代他们的字母顺序布局。经常被使用的字母组合被分开放置在键盘的两侧，还有另外一个有趣的安排，"打字机"（TypeWriter）中的字母都被放在了键盘的最顶排。这样销售员就能在销售他们的产品时轻松地打出自己的品牌了。[16]

虽然柯蒂设计减少了卡机的频率，但是这种布局仍然还有很大的提升空间，现在的设计还无法发挥出打字员的最高速度。比如说，用柯蒂键盘打字时有大约3000个单词是单用左手打出来的——你可以试试键入secret（秘密）和exaggerated（夸张）这两个词，而只有大约300个词是由右手键入的，比如milk（牛奶），jolly（愉快），以及hill（小山）。[17]但是大多数人用右手打字要比左手快得多。不仅右手是大多数人的惯用手，而且柯蒂键盘的右侧字母更少，因为底行的右侧很大部分都是标点符号。可选按键越少意味着越容易选中正确的字母；也就是说选项越少会让选择越快。在使用柯蒂键盘布局的情况下，人们使用流畅的右手的机会不足，所以无法发挥出最佳打字速度。

德沃夏克（Dvorak）键盘是一种很受欢迎的替代方案，这种键盘解决了以上一些问题。它的设计原则是让英语中的连续字母用两手交替键入，而且用左手和右手打出的词语在数量上更均匀。

史蒂夫·沃兹尼亚克（Steve Wozniak）是苹果电脑的联合创始人，他非常欣赏德沃夏克键盘。一些最快的打字速度记录也是在德沃夏克键盘上创造的。依据维基百科，作家芭芭拉·布莱克本（Barbara Blackburn）是2005年英语打字速度吉尼斯世界纪录保持者。她可以在50分钟内保持每分钟150个词的键入，并且曾经被记录最快速度达到每分钟键入212个词。[18]虽然德沃夏克键盘布局有诸多优势，但是却没有流行起来。柯蒂键盘在全世界各个地方无处不在——计算机、智能手机、笔记本电脑。随着语音交流逐渐被打字和文本取代，柯蒂键盘拥有了史无前例的统治力。

有趣的是，柯蒂键盘无所不在的特性揭示了一个非同寻常的现象：我们的日常用语以及我们在自己语言中最喜欢的特定词语似乎和键入的难易度有关。因为我们倾向于喜欢容易完成的事，所以我们更偏爱在柯蒂键盘上用右手键入的词。这种现象被称为柯蒂效应，在英语、荷兰语以及西班牙语中都有类似的发现，所有这些语言的输入设备使用的都是类似柯蒂键盘的设计。最有意思的是，柯蒂效应对那些在使用键盘之后出现的词的影响最为明显。就好像这些新词是因为使用键盘才被创造的。[19] 这就是 LOL（"笑出声"（laugh out loud）只用右手键入）和 YUCKY（几乎都用右手）能一直流行的原因之一，这也是为什么人们在给新产品命名时有可能会精明地去考虑一些用右手键入的词组成的名字。谁想来一个 Jimmy Jone's 的三明治？

柯蒂效应似乎也解释了最近一些给婴儿命名的趋势。通过搜索美国人口普查数据，研究者发现键盘可能正在影响人们为婴儿所起的名字。随着家庭电脑的普及和柯蒂键盘的广泛使用，含有更多键盘右侧字母的名字的受欢迎度已经戏剧性地增高了，从20世纪90年代开始出现的新名字（比如 Lileigh）含有右边字母的数量要高于键盘普及之前出现的名字。[20]

我们的身体用不同寻常的方式影响着头脑。甚至当我们没有从事特定活动时，我们的头脑似乎依然在身体上寻找我们此时感受的暗示或者喜好的线索。鉴于我们在电脑上花的时间这么多，柯蒂键盘对于我们使用语言的方式甚至是偏好语言的种类都产生了很大的影响。总而言之，我们喜欢身体做起来不费力的事。

比如下面两列字母对：

第一列	第二列	第一列	第二列
FV	CJ	JY	JC
VF	GK	MJ	KB
BF	TK	JH	KR
FG	CM	HJ	KV
FB	EJ	YJ	JD
VR	VK	MH	MC
GF	BK	UJ	KT
TF	FK	UH	HC

  两列字母中你更喜欢哪列？这些字母本身没有什么特别；它们是英语中不常见的字母对，它们不押韵，而且这些字母没有组成常用的缩写或首字母。所以从表面上看，没有什么特别的理由去偏爱任何一列字母。但是我和我的研究小组发现人们确实是有偏好的，至少对于那些使用柯蒂键盘的熟练盲打者来说。熟练的打字者压倒性地偏好第二列字母。为什么？因为用右手键入的词语比左手键入的词语更容易键入，第二列字母比第一列字母更容易键入是因为每个字母使用的手指和手都不同。任何能快速打字的人都知道，用同一根手指键入紧挨着的两个字母（如第一列中的字母对）是很困难的，因为你在输入完第一个字母之前不能开始输入第二个字母。用不同的手指和手键入一系列字母会更加流畅，因为你可以几乎在同时敲击按键。我和我的同事发现单单在电脑屏幕上看到字母就会激活熟练打字者的运动皮质。我们在精神上模拟打字，而这些模拟会告诉我们将这些字打出来的难易程度。因为我们更倾向于喜欢做容易的事，所以会更偏好第二列的字母对——虽然我们通常并不知道原因。[21]

  我们的身体控制着大脑，但是有时身体不让我们的意识知道这样的现实。这种微妙的精神控制并不局限于柯蒂键盘。比如当人们用手机拨打电话的时候，和数字对应的字母就会自动渗透进大脑。拨打5683的时候我们会微妙地想到LOVE（爱），（而）当你拨打75463的时候，SLIME（烂泥）则更可能会出现在头脑中。制造有意义的电话号码的商人确实有他们的意图。当人们从事

第 5 章 右手＝好事，左手＝坏事：身体语言如何帮助我们思考和交流

活动时，大脑中就已经显示出了他们行为的结果——虽然人们并没有意识到这些。因为手机上的按键既被用来拨打电话，也被用来输入信息，拨打电话号码时数字和字母会同时出现在脑海中。

人们其实更喜欢拨打那些暗含正面意义的词的号码，如 37326, DREAM（梦想），而不太喜欢号码暗含负面意义的词，如 75463, SLIME（烂泥）。如果公司的电话号码对应的词和它们自身业务相关的话，这些公司就会更受喜爱。人们喜欢婚姻介绍所的电话号码对应的词是爱（love），对于殡葬业者来说，号码中带有尸体（corpse）的公司比那些号码中不含有业务相关内容的公司更受欢迎。[22] 这点是真的，虽然我们不见得能意识到电话号码和特定词汇之前的联系。

身体驱动头脑的方式很微妙。如果仅仅一个简单的拨打电话号码都能把想法植入头脑，那么其他行为是如何施加微妙的精神控制的呢？

杂货店选择

大卫·罗森鲍姆（David Rosenbaum）的发现是他在餐馆用餐时忽然得到的。他很好奇服务员是如何处理顾客的水杯的，所以他观察了在他周围招待顾客的服务员。大多数人不会注意到服务员的动作，但是罗森鲍姆不是大多数人：他管理着宾夕法尼亚州立大学的认知与行为实验室，在那里，他研究人们对于身体动作的计划和控制。

桌子上的水杯都是朝下放置的。罗森鲍姆注意到当服务员拿起杯子倒水的时候，他们的动作并不是随随便便的。他们翻动手腕，拇指朝下抓住杯子。这个起初有些尴尬的手势有一个很大的好处，就是当服务员把杯子翻过来的时候可以轻松拿住杯子，并把水倒进杯子，然后放在桌子上。换句话说，服务员抓取杯子的方式并不取决于杯子的形状，而是取决于他们想用杯子来干什么。

罗森鲍姆被服务员的行为所吸引，他回到实验室开始做实验。他想知道是否我们所有人抓取物体的方式都是为了能够最方便地使用这些物体。果然，他研究的结果正是如此。人们拾起电灯泡和捡起网球的方式不同，因为使用它们做的事完全不一样。当我们捡起瓶子的时候，根据我们要用瓶子做的事（比如我们要从瓶子中喝水，或者要把瓶子扔到屋子的另一头），抓取方式也会不一样。服务员抓取水杯的方式取决于他是要把杯子倒满，还是要把杯子放进托盘等待清理。如果用拇指朝下的方式拿起口朝下的杯子，那么只需一个简单的手腕翻动就可以开始给杯子添水了。罗森鲍姆把这种现象称为"最终状态舒适效应"。[23]

事实证明，猴子抓取物体时也会考虑物体的用途。当绢毛猴——一种在无害实验中使用的来自南美洲的小型猴子——想要得到一个塞进香槟杯的好吃的棉花糖时，它们抓取杯子的方式取决于杯子口是朝下还是朝上。当杯子口朝上的时候，猴子会用拇指朝上的方式拿起柄脚。但是当杯子颠倒过来的时候，猴子会用拇指朝下的方式拿起柄脚，就像罗森鲍姆观察的服务员一样。[24] 用这样的方式，猴子想获得甜点只需要翻动一次手腕。

人（或猴子）抓取物体的方式也会影响其对抓取对象的喜爱程度。我所在的"人类行为实验室"最近做了一个实验，我们安排大学生志愿者坐在一个小桌子旁，我们在桌子上放置了两种不同的厨房用品：一把木质搅拌勺和一把橡胶抹刀。我们特别注意了摆放物体的方式。有时，我们把两个物品的柄放在离志愿者很近的地方，所以他们就可以通过柄轻松拿起物体。有时我们把用于搅拌或涂抹的部分面向志愿者放置，所以志愿者就必须靠上去，并用不舒服的方式扭曲手腕才能握住物品的柄。请记住，我们并没有要求志愿者真的把物品用在做饭或者搅拌上。他们唯一的任务其实很简单：捡起他们更喜欢的用具。

和罗森鲍姆对服务员的观察类似，志愿者更喜欢用柄拾起物品，就像是

第 5 章 右手＝好事，左手＝坏事：身体语言如何帮助我们思考和交流

他们要使用这些东西一样。更有趣的是，人们更倾向于喜欢容易抓取的物品，也就是那些柄朝向他们的物体。[25] 这就是物理流畅的例子——更容易操作的物品更受欢迎。我们自然而然就会想到抓取物体的方式，而这种交互的难易度会决定我们是否喜欢这个物品。这就是为什么惯于使用右手的大多数人倾向于认为右侧空间的物品比左侧空间的物品更讨人喜欢（大概因为他们和右侧的物品交互起来更顺畅）。如果某件东西更容易被操纵，那么我们就会更喜欢它。

这说明商品在放置和包装上的微妙差别就会对人们的购买欲望产生很大的影响。很多人都知道，商品在商场过道上的摆放方式和商品是否临近商场的入口或出口会对人们的购买决定造成惊人的影响。但是并没有多少人注意如何改善我们和商品交互的流畅程度，比如携带物品的难易程度。特定的公司（比如宝洁，他们的产品从头发护理到汰渍洗衣粉）和饮料公司（比如可口可乐），都已经开始关注这个概念，那就是人的身体动作可以影响人的想法。抓取商品的难易程度会影响消费者的选择。看看产品包装的进化史你就会知道。现在大多数的液体洗涤剂都灌装在有把手的瓶子中。对于一加仑的瓶装牛奶和纯果乐橙汁来说也是如此。几年前，两升的可口可乐瓶开始有了曲线外观，这种形状可以帮助我们拿起饮料瓶并倒出饮料；与之相应的，可口可乐的销量超过了它的主要竞争对手——百事可乐。[26] 这不是巧合。更便携的包装可能会微妙地鼓动人们去购买更多的产品。

可能是为了回击可口可乐时髦的新瓶子，百事公司决定聘请一位首席设计官，莫罗·波尔奇尼（Mauro Porcini），他曾是 3M 的首席设计官。百事公司计划投资 6 亿美元在广告上，用来提高其主要品牌的市场份额，这些品牌包括百事、佳得乐以及立体脆。[27] 在这些投资中，肯定有一些钱是用来研究人们抓握产品的轻易度和流畅性的。在所有其他条件相同的情况下，更容易被拾起的物品更惹人喜爱。

当我第一次意识到这件事的时候，我正站在我家附近的塔吉特百货的过道上，我用便携安全座椅拉着我一个月大的女儿。我花了将近一个月的时间才鼓起勇气独自带着我的孩子来到塔吉特商场。她要是突然尖叫怎么办，呕吐怎么办，要是她又尖叫又呕吐呢？我站在那里，一只手抱着孩子，想要决定买哪种尿布。我自然而然地把空出的手伸向了 24 片小包装的尿布，轻松地平衡着我的孩子和尿布。但是转念一想，我意识到我可能需要更大包装的尿布，除非我想几天之后去另外一家独立商场碰碰运气。但是关于大包装我有一个不好的预感。

问题不在于价格（大包装肯定比小包装更经济）也不是外观（包装完全一致），但是对于超大包装我有一些莫名的顾虑。在我开始研究身体对于选择的影响之后，我才意识到，我倾向于买更小包装的原因其实很简单：如果我买了更大包装的尿布，一边抱着孩子一边拿着尿布会很辛苦。我们的运动系统无意识地暗示着我们的行为可能会造成的后果，甚至在我们完成动作之前。对于我们的购买决定，身体有着令人惊讶的影响力。

甚至我们在杂货店使用的购物篮种类都会影响我们的购买习惯。想象你自己身处一家杂货店。你有两个选择，拿一个购物篮或者推一辆购物车。有多少次你决定选择篮子，因为你很确定你只是要去拿几样东西，但是当你所谓的快捷购物结束之后，你发现你正拖着沉重的购物篮排队付款。一个造成你最终购买了很多计划外商品的原因在于，你习惯于弯着手臂挎篮子。

弯曲手臂并把手臂挪向自己是一个当你想要获得某样东西时的常规动作。弯曲和满足之间的关联永远都意味着当你弯曲手臂的时候，你就更有可能想满足自己的迫切需求，屈从于自己的欲望。移动手臂让手臂贴近身体的动作向你的大脑发送了微妙的信号：得到想要的东西并不是罪过。而向外伸展手臂会发送给你相反的信号。当你处于一个弯曲的"贴近"的心境时，你喜欢简单的满足：你根据眼前的情况行动和思考，而不为长远考虑。这种心境会影响你的购物行为。无论你是用手臂挎篮子（弯曲手臂）还是推着一辆车（伸展手臂）都会影响你对于商品的选择。

在荷兰最近的一组研究中，一些研究者检验了购物篮的使用者是否比推车的顾客更容易购买非健康产品（比如糖果棒或其他垃圾食品）。[28] 他们在综合超市（荷兰的超市）用不引人注意的方式跟踪顾客（随机选择），从顾客进入商店开始一直到他们离开。研究者记录了顾客在商店中的路径，他们买的东西，以及他们用的是篮子还是购物车。

当然，人们进入商店的原因不同，所以他们到商店的不同部分购买他们感兴趣的商品。身处商店中的某个部分会让人做出更加轻率的购买决定：想想零食区过道的诱惑。为了使他们的观察更细致严谨，研究者对比了拿篮子和推车的人仅限于在收银台附近（也就是卖巧克力棒、糖果和口香糖的地方）购物的习惯，因为这个区域的商品可以马上被消耗并获得即时的满足感。

正如所料，研究者发现拿购物篮的人与推车的人相比在商店花费的时间和金钱要更少，相应购买的物品也更少（使用篮子的人大概有11件，而推购物车的人是32件）。但是只有5%的推车消费者购买了非健康产品，而40%拿篮子的购物者买了非健康产品。消费者拿购物篮后会弯曲手臂，这种动作似乎会把他们吸引到能够提供即时愉悦感的商品上。

无可否认，有很多原因可能会造成拿篮子的人和推购物车的人不同的购物模式。或许进商店推车的人打算得更长远，可能在为未来置办家用，也可能他们本身就提防那些能提供短期满足感的非健康产品。为了控制这些条件以及购物者之间的其他不同，研究者进行了第二个更加严谨的实验。他们邀请志愿者在一家研究者自己创建的超市买东西。志愿者收到一张购物清单，里面列举了需要购买的12种不同种类的产品——比如肉、蔬菜、零食，研究人员要求志愿者在这次实验室购物之旅中，在每类商品中都选择一件购买。为了方便做实验，志愿者要么得到了一个购物篮，要么得到了一辆购物车。

在这个简单的研究中，研究者再一次发现拿篮子的人更容易选择非健康产品，而不是健康的产品。比如，拿篮子的人在选择零食的时候，会挑选Twix巧克力和玛尔斯巧克力棒，而不会选择苹果和橙子。在拿篮子的情况下，选择非健康产品的概率是健康产品的3倍。我们的身体姿势可以改变我们所要购买的物品，当手臂没有伸展而是弯曲时，我们对于即时满足的偏好就会增加。

我们的身体绝不是被动的机器，单纯地执行着大脑发出的关于行动的输出和指令。就像是超市研究中的学者所建议的那样："人的身体侵入了大脑。"我们移动和扭曲身体的方式会对我们的思想、对我们所做出的决定，甚至是对我们对特定产品的喜好造成影响。以下是几种其他方面的例子：

> 当让人开心的产品（比如士力架）从上到下在屏幕上滚动时（就像广告中那样），相对于从左到右的移动，前者的观众会更喜欢该产品，也更有兴趣去购买。[29] 为什么？当人们的头从上到下跟随着糖果棒移动时，他们实际上是在点头称是。而当他们跟着物体从一侧移动到另一侧时，他们是在摇头说不。[30] 点头会自然而然地向你的头脑灌输对于美味食物的偏好，比如糖果棒和薯片。

> 吃角子老虎机就是为了引起即时满足而设计的。拉动杠杆相对于推动杠杆甚至按压按钮，会导致更多的赌博。杠杆处于老虎机的右侧，对于大多数惯用右手的人来说，右侧是和好事相关联的，这种设计可能会增加一个人赌钱的数额。

> 拉开，而非推开一扇门进入商店可能会引导人们购买能够提供即

时满足感的非健康产品，冰淇淋店店主和酒类专卖店老板可要记住这一点。[31] 拉开门，很像是弯曲手臂拎购物篮子的情景，需要完成把手臂拉向身体的动作，而这个动作可以让我们进入一种"简单满足"的心理状态。

我们的身体和我们做出的动作会以一种强有力并且可预测的方式影响我们的思考和推理。我们可以通过学习如何注意到这些影响，来全面地理解头脑的工作模式，并领会头脑和身体之间的关系。

第6章

能说对，才能听懂
用身体理解别人

当你不单单是听别人讲外语，而且还练习说出正确口音的外语时，你的运动神经的实践会促进你对语言的理解。亲口说出外语单词会帮助你理解语言。甚至在一段相对较短的练习之后（100个句子左右），你就能看到成效。

第 6 章 能说对，才能听懂：用身体理解别人

读心术

从亚里士多德时代开始，哲学家就一直在争论，我们精神能力的所在地到底是头部还是身体的其他部位，比如心脏。弗朗茨·约瑟夫·加尔（Franz Joseph Gall）是一位19世纪的德国医药哲学家，他建立了颅相学，或称为骨相学，他相信他能通过观察颅骨的形状来研究一个人的思想。

加尔认为大脑的不同部分承载了各自独立的心理过程（比如，自尊、希望以及语言的感觉），并且由于大脑的不同部位存在于颅骨中，人便可以根据颅骨形状之间微妙的差异来推断诸如智力和品德这样的属性。随着他的研究逐渐被人所接受，把求职者送到当地颅相学者那里检查头骨曾经一度成为招聘的常见环节，因为雇主希望他们的新员工拥有毫无瑕疵的专注度和责任心。

加尔在1819年发表了关于颅相学的学术巨著。该书书名译成中文为《以大脑为主的总体神经系统的解剖学、生理学以及一些观察报告——通过头部结构查明人类和动物的数种智力和道德素质的可能性》(*The Anatomy and Physiology of the Nervous System in General, and the Brain in Particular, with Observations of the possibility of ascertaining the several intellectual and moral dispositions of man and animal, by the configuration of their head*)。这个书名如果放在今天肯定不会火——因为它对于推特来说太长了！

在19世纪早期，很多人相信颅相学是一个了解头脑的真正机会。[1] 但是，教堂抵制这个想法，他们不认为诸如希望或自尊这样的特性能够真实地显现出来。其他人将其称为"呆头学"，嘲笑这种学说的观点，不相信人能够通过头骨形状，凭直觉就能知道另一个人头脑中的内容。科学家们把这个研究称为伪科学，指责加尔和他的追随者只关注能够印证他们理论的证据，而忽略其他证据。

一个被今天的心理学家称为"确认偏误"的概念让骨相学运动流行了起来。² 虽说找借口没有意义，事实上人们很容易就会掉进确认偏误的陷阱。请允许我稍稍离题来解释一下这个观点。请看下面的这道文字题：

> 给你四张卡片，在卡片的一面写有"A""D""4""7"，还有一条规则："如果一张卡片的一面有一个元音，那么在其另一面则有一个偶数。"
>
> 你的工作是测试这个规则来确定它是否有效。问题在于：你需要翻过哪张卡片来确定假设是否成立呢？

如果你选择的卡片是"A"和"4"，那么你还真有不少好同伴。很多人都会这样选择，但就像颅相学家一样，你陷入了确认偏误的陷阱。你确实需要翻过卡片"A"来检查规则是否成立——反面应该有一个偶数——但是卡片"4"的反面有什么并不重要。对于写有辅音字母的卡片来说并没有任何规定。或许它们的背面也是偶数。大多数人没有认识到，你需要做的是证明规则不成立。要做到这一点你需要翻过写有"7"的卡片。如果这个奇数卡片的背面有一个元音字母，那么这个规则就不可能成立。

大多数人不会去寻找驳斥自己想法的信息。对于颅相学家来说也是如此。到了19世纪中叶，对于颅相学不够严谨的批判已经逐渐变得清晰，该学说也衰败了。

但是加尔的假设并非全都不靠谱。现代神经系统科学已经发现了脑功能特化的证据。比如说语言，它看上去好像在大脑中拥有一些本地化的中心。通过像fMRI这样的技术，科学家们已经能够在人讲话的时候窥视到人脑内部，并证实确有特定的神经实体参与到与他人交流以及理解他人讲话的过程中。同时通过这个研究，神经系统科学家已经认识到大脑处理信息的意义时不会只激活一块脑组织，被激活的组织分布在整个大脑中。比如，当我们需要理解关于外

第6章 能说对，才能听懂：用身体理解别人

在世界的语言时，我们会激活大脑中负责动作和交互的部分——甚至当时我们根本就没动。

你可能听过这句话："同时被激活的神经细胞，连接在一起。"这句话简要地说明了生物学家唐纳德·赫布（Donald Hebb）在1949年的惊人发现，他发现了脑组织的适应性。赫布注意到，多次在大致同一时间活跃的脑细胞会倾向于变得"相连"。换句话说，一个神经元的活动会引起另一个神经元的活动。由于细胞一次次地刺激彼此，于是就产生了一些生长或代谢的变化，这些变化贯穿细胞间的连接，让细胞能更高效地激活彼此，这种现象被称为"赫布型学习"。在把意义归于语言的环境中，如果一个词经常出现在某一个特定行为的情境中，听到这个词就会触发大脑运动区域的活动，而这个过程会促进理解。我们之所以能理解很多话语就是因为大脑的运动区域也参与到了把声音转化为意义的过程中，而大脑的运动区域通常用来实现我们所听到的行为。

对于简单的动词（比如舔、踢和拿）来说，确实如此。在理解这些话的意义的过程中，参与进来的不仅仅是处于大脑深处的迷你语言计算机。大脑中真正指挥身体完成动作的区域也很重要。为了理解这些动词，我们利用了负责执行这些动作的大脑运动区域。[3]"抓住"这个词之所以有含义是因为我们能够把抓住的动作和这个词相连；把动词"给"和给予的动作相连会让说出的话具有动作意义。就算你是在谈论抽象的东西，比如给你老板一个建议，用来控制给别人传递物品的运动系统也会参与进来。[4]

你可以把语言理解成一种动作在精神上的模拟，使用的工具就是负责我们真实行动和观察世界的大脑系统。这也就意味着词语能唤起动作，而与此同时，执行相应的动作（比如让你的手顺时针转动）也能让我们更轻松地理解含有这些动词的句子："杰西调高了音量。"[5] 当动作和词语（甚至是短语）重复性地被组合在一起时，你无法控制在触发一个的时候不唤起另一个。动作和词

语混合得越多，我们对于语言的理解也就越顺畅和深厚。当然，这也暗示着当你的运动系统受到破坏，语言能力——特别是关于动作的语言能力——也会同样受到损害。

☆　☆　☆

2000年1月底，一个病人被送到英格兰的一家医院。几个月前，他的妻子发现他的头脑中充斥着一个想法，他相信有坏事要发生在他身上。起初，她认为她丈夫的妄想症不是什么大问题，因为他一直都有一点儿焦虑，而且抱有对世界末日的幻想。但他的妄想加剧了，而且就在住院的前一周，他一直担心自己随时有可能受到伤害。

这家医院拥有英格兰最好的神经学团队之一，在病人抵达后的几个小时之内，一组医生开始在他身上做一般性检查，他们发现他的动作有些缓慢。他服用了奥氮平——一种以控制妄想为目的的抗精神病药，这种药的一个副作用就是会引发运动障碍，所以他的运动问题并不是意外的发现。但是，一个对他的脑结构进行的扫描显示了额叶的萎缩。他在很多精神测试中都表现不好，而且说话也有困难。有一个测试内容是，给他60秒的时间让他按照一个给定的类别，尽量多地列举这个类别中的词，这个类别可以是车、水果，或者以字母T开头的词，但是在每组类别中他只能想到两三个词。

在接下来的6个月中，病人一直表现出衰退的征兆。每一次去医院复诊，他的行动都比之前更慢，而且他说话也越来越不清晰。到了最后，他能说的只有"是"和"不"。有一天，他完全失去了说话的能力。虽然他还是能够利用面部表情和手势进行有限的沟通，但是他再也不能说话了。

这所医院的一组神经病学家在过去的几年中一直在跟踪那些显示出类似症状的病人，并且他们也开始对这位病人的病情感兴趣了。尤其是他在运动和语

第 6 章　能说对，才能听懂：用身体理解别人

言方面快速衰退的病征完全符合运动神经元疾病，一系列越来越严重的神经障碍疾病会摧毁控制随意肌㊀活动的细胞，而说话、走路、呼吸和吞咽动作都属于随意肌活动的范畴。[6]

通常当我们要执行某个动作的时候，从脑中运动神经元传出的信息会发送到脑干和脊髓。由此开始，负责执行某个动作的特定肌肉就会接到收缩和行动的指令。当这些信号受到破坏之后，肌肉就不会正常工作了；肌肉慢了下来，并同时伴有僵化和抽搐。最终，控制动作的能力全部消失。这种动作的丧失是毁灭性的，但是对于有运动神经元疾病的患者来说，最大的问题在于他们的吞咽障碍。当你无法正常吞咽时，就无法阻止气管中吸入外来物质。有动作神经元疾病的患者经常死于吸入性肺炎，这是一种由于吸入食物、呕吐物、液体或唾液造成的肺部炎症。

每 10 万人中就有 6 个人被运动神经元疾病所影响。物理学家史蒂芬·霍金（Stephen Hawking）就患有这种类型的疾病，他患有肌萎缩侧索硬化症（ALS），又称为卢伽雷氏病。前纽约参议员雅各布·贾维茨（Jacob Javits）也患有运动神经元疾病。[7]

医院的神经病学家设计了一系列测试，用来更好地理解那些他们怀疑患有运动神经元疾病的病人所面临的问题。在一项测试中，他们要求病人把类似鞋和吃这样的词语和描绘该词意义的图片搭配起来。有趣的是，病人很难把动词和对该动作的描绘相联系。这种理解动作词语的障碍在摩尔身上也有所体现。在一个被称为金字塔和棕榈树测试的评估中，神经病学家给病人一张金字塔的图片，同时还有一张枞树的图片和一张棕榈树的图片。这个测试的目的是要病人选择出和金字塔匹配的树（棕榈树）。接吻和跳舞测试描述的是动作而非

㊀　随意肌（voluntary muscle）受运动神经支配从而产生肌肉收缩，可随着人体的自由意识来操控，所以被称为随意肌。——译者注

物体。病人可能会看到一张画有一只正在写字的手的图片，随后还有一张画有手在打字的图片，以及一张画有手在拿着勺子搅动咖啡的图片。因为相对于搅动，打字要更接近于写字，所以在这个测试中恰当的匹配应该是打字的手。对于那些正常衰老的成年人来说，他们在这两个测试中的表现没有任何区别。但是，被诊断有运动神经元疾病的患者在接吻和舞蹈测试中，比在金字塔和棕榈树测试中表现更差。

在大多数语言中，理解动词比理解名词要难，这很有可能是因为动词的语法复杂度更高。这种现象对于像英语和意大利语这样的语言来说尤其明显，但是对于像希腊语和斯拉夫语这类具有复杂名词结构的语言来说，则没那么明显。然而，对于那些大脑受到其他形式的伤害或者退化（比如阿尔茨海默病）的病人来说，这种对于动词的特别障碍并没有体现在他们身上；只有患有运动神经元疾病的人才有这样的问题。[8] 为什么？一个可能的原因在于运动系统的功能紊乱不仅会削弱人的行动能力，还会损害对相关语言（动词）的理解能力。当你的运动系统无法正常工作时，理解动作语言的能力就会受到影响。

病人在他病症最初显现的两年后去世了。尸检证实了运动神经元疾病的诊断。和其他死于同一疾病的患者类似，病人显示出脑干和脊髓的萎缩，同时运动前区和运动皮质也有缩小现象。

☆　☆　☆

医院的神经病学家在这位病人和其他病人身上发现了语言和动作之间的联系，几乎就在同一时间，在英国的神经系统科学家弗雷德里曼·普尔弗穆勒（Friedemann Pulvermuller）也在理解身体语言方面获得了重要的进步。数年中，普尔弗穆勒一直对在大脑中突发并损害人们说话和理解能力的病症非常感兴趣。经常由脑卒中发作引起的语言问题似乎也会伴有运动能力的损伤，而他对这种情况尤其着迷。

要想理解普尔弗穆勒的工作，就必须仔细研究一下运动系统的组成。被称为运动皮质的那部分神经组织位于大脑的外部且跨坐在两个脑半球上。运动皮质最为基础的任务就是把行动计划转化为真实的行动。运动皮质的神经细胞是以一种特殊的方式排列组织的——特定的区域控制特定的人体部位。事实上，在运动系统中有一张反映四肢位置的地图，这张地图会着重标出那些完成大多数工作的身体部位。比如，手指，特别是拇指，在运动皮质中有着不成比例的大面积代表区域。大多数人可以轻松收缩和伸展拇指的指尖，但是要求其他手指做出类似的动作就有些困难了。造成这些区别的一部分原因在于，脑细胞在拇指和其他手指上的资源分配并不均等。拇指拥有的神经实体更多。

通过记录人体特定部位和运动皮质的连接来制作一张身体地图是可行的。这种地图叫作躯体特定区域图，最终成型的地图图像看起来会像是一个丑八怪，它具有相对于身体其他部分来说大得不成比例的脸、嘴唇和手。因为这些特定身体部位需要执行精细的运动动作，所以它们会占据大脑地图的很大部分。[9]

躯体特定区域图（见图6-1）最早建立于20世纪50年代，是一种用于治疗癫痫的技术的副产品。[10]当时一种用来治疗不可控癫痫发作的疗法就是打开病人的头盖骨，找到引起癫痫发作的源组织，然后摧毁那里的神经细胞。在手术前，神经外科医生会在病人躺在手术台上并仍然清醒的情况下，用电子探针刺激大脑的不同部分，他们由此获知大脑各个部分各自主要控制着什么功能。用这种方法他们就能瞄准需要移除的位置，同时把术后的破坏程度降低到最小。这种刺激手法让我们有可能创造出运动皮质的躯体特定区域图，它将展示出大脑与身体其余部分的连接。

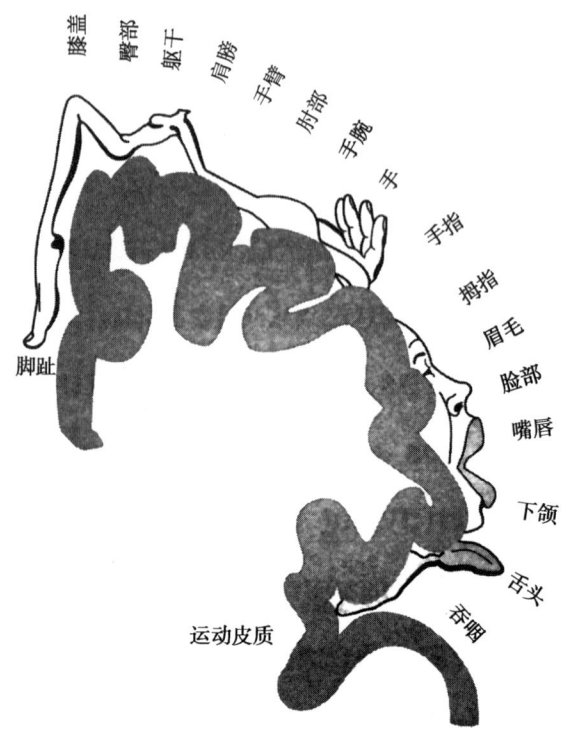

图 6-1

改编自 Hauk O., Johnsrude I., 以及 Pulvermüller F.（2004）"人类动作和运动前区皮质中的动作词语的躯体特定区表达",《神经元》41 期, 301-7。授权重印。

这种身体地图能够帮助我们理解一些有趣的现象。你知道为什么足疗那么舒服吗？可能是因为反映脚的脑部区域和反映生殖器的区域互相靠得很近。如果两个区域彼此之间的距离够近，这会让神经元之间发生"串台"，因此刺激一个区域就有可能会造成信号溢出并刺激到另一个区域。生殖器和脚的大脑对应区域相互临近关系可能解释了为什么有些人会有恋足癖，甚至对鞋痴迷。[11]我们可能永远都无法确切地知道这些，除非伊梅尔达·马科斯㊀愿意把自己的

㊀ 菲律宾前第一夫人伊梅尔达·马科斯（Imelda Marcos）收藏了上千双鞋，她有 3500 双鞋子，伊梅尔达称这些鞋子都是厂家赠送的。她曾经去纽约购物，一个晚上就花了 500 万美元。而她的珠宝则多达 100 公斤，后来被政府充公。——译者注

第6章 能说对，才能听懂：用身体理解别人

大脑捐献给科学事业，因为在她的大脑中这两个区域似乎紧密地连接在一起。一些神经系统科学家认为女性的大脑身体地图中脚和生殖区域之间的联系比男性的更为紧密，[12] 这可能解释了我们对于鞋类的迷恋。

普尔弗穆勒和他的研究团队使用躯体特定区域图来研究语言和行动之间的联系。在对志愿者大脑进行扫描的同时，他们要求志愿者执行手、嘴，以及脚的简单动作。志愿者还阅读了与移动这些身体部位相关的动词。移动四肢会激活运动皮质上与所移动身体部位相关联的区域，而听到和这些动作相关的动词也会触发很多相同（或紧密相邻）的大脑区域的活动。当人们听到诸如"踢"这样的词时，动作系统中的腿部区域就会被激活，而手臂和手的区域则会被"拾起"这个词带动起来。动作词语也和脸部有关联，比如"舔"会激活参与控制舌部动作的大脑区域。最令人震惊的是，普尔弗穆勒发现在语言处理过程中，运动神经很快就会参与进来，仅仅在听到一个词后的几百毫秒之内就会有反应。运动神经激活的速度说明当我们需要去理解一个词时，动作系统在这个词最初的意义形成阶段就参与了进来。[13]

普尔弗穆勒的发现具有一些重要的含义。首先，这个研究找到了"理解"的神经源头：大脑中负责运动的区域也参与理解语言——至少是动词。正如哲学家路德维希·维特根斯坦（Ludwig Wittgenstein）所说，语言"编织在"动作中。[14] 最重要的是，如果运动系统能够帮助提高对语言的理解，那么由诸如脑卒中这样的状况引发的语言问题，也许就可以通过刺激大脑中一些对于运动来说很重要的区域来减轻。修补运动系统实际上可以帮助促进语言能力的恢复。

据估计，每年有1500万人会遭遇脑卒中。有时脑卒中也被称为"脑部侵袭"，当流入大脑的血液遭到阻断时，就会出现脑卒中。[15] 大概有1/3的脑卒中患者会出现语言问题，被称为失语症。对于某些人来说，这些语言问题会随着时间慢慢得到改善，但是也有很多人会患有慢性而长期的交流障碍。不幸的是，对于慢性失语症的治疗方法很有限，而且人们通常在交流障碍被解决之前

就早早放弃了治疗。普尔弗穆勒的工作就是改变这种现状；根据他在语言方面的研究，他已经协助开发了一种失语症的新型疗法，而这种疗法植根于行为动作。在他的疗法中，语言练习将会在行为动作背景下进行。脑卒中患者不但会进行基本训练，而且还会练习相对高级的语言技巧，比如以学习卡片的提示作为线索，提出请求或回答问题。语言练习是和相关动作共同进行的。[16]似乎动作在帮助人们重新学习语言的过程中发挥了很大的作用，甚至对于那些在脑卒中后罹患慢性失语症长达数年之久的病人来说，也是如此。普尔弗穆勒的动作疗法帮助大脑把语言和动作相连——这个联系很有可能被脑卒中破坏，但是现在我们知道它对于理解来说至关重要。

动作疗法也可以帮助健康的人，特别是在学习和理解外语方面。当听到别人在使用一种不熟悉的语言进行交流时，我们经常无法分辨出一个词的开始和结束：句子一起流动，听起来像是一个很长的单词。语言学家猜测，我们之所以在理解外语时感觉很吃力，一个原因就是我们从来没有让嘴做出能够发出外语声音的口型和动作。当你不单单是听别人讲外语，而且还练习说出正确口音的外语时，你的运动神经的实践会促进你对语言的理解。亲自说出外语单词会帮助你理解语言。甚至在一段相对较短的练习之后（100个句子左右），你就能看到成效。[17]我们对于语言的理解根植于动作，特别是那些我们能够流畅完成的动作。

逐字理解

语言最神奇的地方之一在于，我们可以用它来表达实实在在的东西和动作，也能描述我们无法看到或做到的抽象概念。我们理解语言的能力建立在和动作的关联上，这些动作的相关事件是我们读到和听到的，但是我们如何去理解那些我们无法看到、听到或者摸到的东西？比如，我们如何理解类似于"给

第 6 章 能说对，才能听懂：用身体理解别人

予"这类的感情概念和诸如"大动肝火"这样的比喻？答案就是，我们的身体把这些概念逐字理解了。

想象一下，一个男孩想要和一个女孩分手。他们可能总是在吵架，他们的关系一直起起伏伏。男孩想要结束这样的关系，女孩认为他们能够继续维持下去，但是对于男孩来说关系已经结束了。一天下午在咖啡店，他希望公共场合能尽量降低对抗情绪，他想要快刀斩乱麻。"我们现在处在我们关系的岔路口上。"他说，然后解释说他认为他们"朝向了不同的方向"。人们经常会将诸如爱这样的抽象概念比喻为更加具体的事物来进行描述，比如说一对恋人风雨同路。我们通过把抽象概念落实在字面上来理解它。当女朋友泪如雨下时，她脑中用于发动动作的组织可能实际上会把这个比喻记录下来，然后模拟远离她男友的动作。[18]

必须承认，很多比喻和行为相连，所以不出所料，我们理解很多抽象概念的方式就是把它们落实在物理世界中。比如，"抓住概念"以及"翘辫子"这样的说法都是抽象概念，但是却包含有非抽象动词"抓"和"翘"。话说回来，我们的身体也参与了没有和身体动作有明确联系的语言的处理中。当人们被要求回应诸如"特拉维斯打电话来说有事想和你说"或者"你告诉莉兹这个故事"这样的句子，而回应方式是如果他们理解了这句话就把杠杆拉向自己时，句子的内容就会影响人们的反应时间。当人们必须把杠杆拉向自己时，他们在理解关于接受信息的句子时反应更快。反过来说也成立。如果人们在理解句子之后需要推出杠杆，他们在理解关于向别人传递消息的句子时耗时较短，而理解关于接受信息的句子时花费时间较长。这是因为就算是关于传递和接收的抽象概念，也是落实在自身对应的给和接受的动作上的。当抽象概念和我们的行动相匹配时，动作的执行将得到提升。交换概念可以被视为交换物体的延伸，所以也和很多相同的运动神经以及感知过程相连接。在语言理解过程中，当语言暗示某些东西正在被传递时，运动系统就被激活了，无论这样东西是否真的正在

移动。[19]

为了理解抽象的概念，我们把这些概念映射到具体的事物上。想想时间的概念。我们经常通过关于空间的比喻，借用空间去谈论时间，比如，"他把会议提前两小时"。我们把我们想表达的关于时间的抽象概念，用我们的身体动作具体地表达了出来。诸如"我很向往（look forward）咱们周五的约会"和"我正在回想（think back）上周的晚餐"这样的句子，展示了我们是如何通过带有参数和界限的事物（比如空间），来描述那些更加难以理解的事物（比如时间），并最终理解它们，比如时间。但是我们很少借用时间来讨论空间。如果用"这是一个很长时间的地方"来表达一个很大的空间会显得很奇怪。但是你可能会用"时间很短"来指出迫近的截止日期。当人们在为了午餐排队时，若你问他们：本来预计在周三举行的会议"向前挪了"两天，那么会议将在哪天举行？那些排在队伍前面的人比后面的人更容易回答会议将在周五举行（而不是周一）。[20] 我们在空间中穿行的方式会影响我们思考时间的方式。因为我们可以真真切切地穿过空间，但是却无法以同样的方式真实地穿过时间，所以我们更喜欢用前者来思考后者，反过来则不成立。

甚至当人们在将来回想起过去的事件或项目时，他们的身体似乎偷偷地把时间比作了空间。当人们想到过去的事件时，他们会稍稍后倾，而当他们想象未来时，他们则会稍微前倾。这些变化都很细微，在每个方向上都仅仅只有几毫米的移动，尽管如此，这种现象还是能够例证我们的思维倾向：我们习惯于把时间"翻译"为我们的身体在空间中移动的方式。[21]

经验很重要

勒布朗（LeBron）在比赛开始时就利用雷霆队的失误完成了一个充满杀伤力的灌篮。

第6章 能说对，才能听懂：用身体理解别人

勒布朗把球运到了罚球区顶端，他穿过罚球线，在凯文·杜兰特（Kevin Durant）头顶抛射得2分。

如果你是一个篮球迷，特别是如果你还在业余时间打篮球的话（或者你曾在高中时打过篮球），上面的话你就能完完全全听得懂。你正处于观看状态的大脑很有可能正在表演你所听到的内容，就好像你自己就是勒布朗一样。没错，从某种程度上说，你的大脑认为你就是球场上迈阿密热火队的一员。当然在某个时刻你也可能是广播中的俄克拉何马城雷霆队的球员——与2012年的NBA总冠军热火队在当年的总决赛上对阵可不是件有趣的事。

我们理解"扔"这类词，是因为我们把关于扔的动作和关于扔的词对应了起来。像扔、跳、抓这样的词，它们依照以往的经验从大脑中不同的部位获得自己的含义。那么如果我们从来没有做出过与我们所读到的词语相应的动作，我们是否就无法理解这些词语呢？不一定。如果你从没用过筷子，你通过推断仍然能够理解这个句子——"米拉用她的筷子夹起了馄饨"，因为你是通过熟悉的活动获得了推断，比如用叉子吃饭或用指尖拿住铅笔。如果你能够激活你有经验的运动系统的话，这将会帮助你进行理解。你要知道你在现实中的经历会影响你对事物的理解，这也帮助解释了为什么运动员和体育迷都喜欢模拟他们在球场上或电视上看到的或在收音机里听到的比赛。几年前我的心理学实验室在迈阿密大学做了一个研究，我们得以一窥这种模拟现象。如果你关注职业橄榄球的话，你可能知道迈阿密大学并不在佛罗里达，而是在俄亥俄州的牛津，一个位于辛辛那提西北方向45分钟车程的小乡镇。你可能是因为本·罗斯里斯伯格（Ben Roethlisberger）才知道这个地方的，他是匹兹堡钢人队的四分卫，曾在那里打过大学橄榄球赛。迈阿密大学同时还有一个排名靠前的冰球队。当我在迈阿密大学工作时，冰球队的明星防守球员之一布莱恩曾作为研究助手在我的心理学实验室工作，所以我那会儿经常去看他们打比赛。

布莱恩认为打冰球让自己成了一类特殊的冰球迷，这和他的非运动员朋友

完全不同，他相信他能更好地理解他所看到的冰球比赛。当他看比赛时，他感觉自己就像在打比赛一样，他会不由自主地扭动，好像自己就是场上的那位带球球员。这种感觉并不仅仅存在于观看比赛的时候：当布莱恩在自己的电脑上收听他喜欢的NHL比赛时，他也感觉自己就是比赛的一部分。布莱恩在冰上的经验改变了他作为球迷对自己所欣赏的运动员的理解吗？我们决定测试一下布莱恩这种基于直觉的想法，我们邀请了他的冰球队队员以及另外一组非运动员参与者，当他们聆听模拟的冰球比赛音频广播时，我们扫描了他们的大脑。之后，我们测试了每个人，来了解他们对所听到比赛的理解情况。

冰球运动员的运动系统（特别是运动前区皮质）在他们收听冰球广播时被激活了。对于不打冰球的人来说，情况并非如此，他们的负责设计动作的皮质褶皱相对闲置——相对于冰球运动员的来说并没有那么活跃。因为这些冰球运动员本来就是打冰球的，他们可以在脑中精确地模拟他们所听到的比赛中的球员活动。而且运动前区皮质越是努力地工作，人们越是能更好地关注动作。[22]

我们对冰球运动员的研究让我们对体育迷在面对比赛的时候大脑中所发生的情况有了一种新的认识，而他们可以坐在沙发上或站台上看比赛，甚至仅仅是收听比赛。他们的大脑也在参与。甚至可能正在模仿他们听到或看到的运动员的动作。这种模仿貌似只是狂热粉丝的行为，但实际上却和体育迷自身的技能紧密相关。当我们观察甚至听到其他人的动作，特别是当我们在过去做过类似的事时，我们就不单单是在看了，至少我们的运动皮质没有干坐着不动。更确切地说，在大脑中我们会把我们所看到的内容表演出来，就像我们自己就是其中的一个运动员一样。

卡波耶拉舞[23]是一种源自巴西、介于舞蹈和武术之间的艺术形式，这种

艺术由非洲奴隶的后代所创造,这些奴隶在过去被运到巴西后从事着耕地和收割甘蔗的工作。他们劳累过度、营养不良,而且还缺少基本的物质享受。卡波耶拉舞并不仅仅是舞蹈,还是一种表达愤怒和沮丧的方式,同时也是一种奴隶可以用来自卫的搏击方式。

今天,世界各地都有练卡波耶拉舞的人,而且这种舞蹈在大众电影和电视游戏中都出现过。1993年的武术电影《王牌至尊》(Only the Strong)就展现了这种舞蹈,并且在电影中演员马克·达卡斯考斯(Mark Dacascos)利用这种舞蹈在他黑帮横行的故乡——佛罗里达州的迈阿密——动员年轻人。电视游戏《街头霸王》中的一个主要角色就属于卡波耶拉舞派。这种舞蹈甚至还出现在神经系统科学的研究中,用于证明自身经历对于理解他人动作的重要性。

当卡波耶拉舞专家观看表演时,他们大脑中的卡波耶拉舞神经回路变得非常活跃。而观看这种巴西艺术形式的古典芭蕾舞者的大脑则没有相同的反应。有趣的是,这种运动系统的活跃表现并不仅仅和对舞蹈风格的熟悉程度有关,更主要的影响因素在于运动经验。当芭蕾舞者观看他们自己戏目中的动作时,与观看相反性别做出的动作(他们自己不做)相比,他们的运动回路会回应他们能做的那些动作,而不是回应他们观看到的所有动作。如果你拥有一份你所观看内容的"大脑内部"拷贝,你就能更好地理解你所看到的东西。[24]

让你的运动系统进入比赛(或者舞蹈)会有一些真真切切的好处。比如,这种经历让你可以在其他人完成动作之前就预测出他们行为的结果。这种好处不仅体现在运动场上,就算你仅仅是在观看比赛也会有所收获。裁判和体育记者如果自己参加过比赛就会受益匪浅。

几年前,一组从罗马来的神经系统科学家做了一个实验,他们要求篮球运动员、体育记者和没有比赛经验的人观看篮球运动员罚球时的短片。短片会在投球过程中的各种时间点停止,同时研究人员会让人们预测球是否最终被投进了篮筐。不出意料，运动员是更好的预测者。但是最有趣的是，运动员在投球的最开始阶段就表现出了绝对的优势。甚至在球还没有出手的时候，球员们就已经在预测中赢了记者和篮球新手。在观看投球的过程中，经验会帮助球员弄清楚球是否能投进篮筐。[25]

当人们观看投篮时，科学家观察了他们放置在受试者的手和前臂上的电极所发出的信号，来寻找任何一个能证明身体准备好做出动作的证据。在观看投球时，虽然所有观看者从大脑发送到手臂和手部肌肉的运动信号都不同程度地激活了，但是只有运动员的小指的神经兴奋程度能预测球是否会被投进。而且当短片中的运动员投出的球弹出篮筐最终未能得分时，就会出现更多的手指活动。

其他体育项目中的优秀运动员也可以预测比赛。高超的羽毛球运动员在观看运动员击打羽毛球的影片时，可以预测出击球后的落点，甚至当他们无法看到对手的大部分手臂和球拍时，也是如此。从另一方面来说，初学者则需要以上所有信息才能做出相同的预测。[26] 在棒球中，击球手经常在球还没离开投手的手时就开始挥棒，因为他们根据投手身体的动作就能预测球的走向。一个有经验的大脑能够观察他人正在做的事情并镜像他们的动作，然后向身体发出合适的信号，这样身体就会在事件彻底发生之前知晓即将到来的是什么，该往哪里移动。这就是为什么熟练的表演者似乎总能领先两步：他们的大脑已经被"重组"，在动作真实发生之前就做出了预演。

这种能力的关键可能源自一种被称为正演模型的神经回路，这个回路会帮助大脑在动作发生前，预测出我们行动的结果（以及其他人行动的结果）。当我们决定采取某种行动且大脑向肌肉传达执行信号时，就会出现一条该命令的复本，用来估算动作的最终结果。这样的机制让我们在实际完成动作之前，就可以从预判中获得反馈。当你把手从一个地方挪到另一个地方时，大脑会在收到任何外部世界的反馈之前，估计手的新位置以及发生情况。这些预测能从一个

第 6 章 能说对，才能听懂：用身体理解别人

角度解释一种现象，当你触摸一个滚烫的炉子时，你可能在皮肤灼伤之前就会移动你的手。在感到疼痛前，你就预测到了将会发生什么。当真实的反馈传入时，如果你的大脑已经预测到了烫伤，那么烫伤的感觉将在很大程度上被忽略。

科学家认为他们能在动作中看到这些正演模型。比如，小脑（就是位于大脑后部下方的块状组织）对于控制运动的时机和其他很多方面都很重要。猫的小脑中的神经元的兴奋方式可以用来预测移动目标的轨迹。猫的小脑可以在目标落地之前就预测出目标的运动轨迹，很有可能猫在观察物体移动方面的经验越丰富，它的预测就会越准。[27]

你可以想一想奥运会平衡木比赛中的体操运动员。在一根 3.9 英寸⊖宽的木块上连续翻转，意味着他必须在落地之前精确地知道他的落点位置。只有这样他才能准备好下一个动作。这种对于预期的需求可以扩展到大多数需要从周围环境接收反馈的体育运动上，因为这些运动要求你必须做出极快的动作。在网球运动中，运动员经常需要在球还没离开对手的球拍时就开始移动；在滑雪运动中，选手必须至少提前两门来考虑动作，这样他们才有时间来调整转弯。专业人员的大脑必须在完成动作之前就预测动作的下一步，只有这样他们才能在需要的时候行动得更快，并能适时做出调整。因为大量的练习和经验，优秀运动员能够利用他们看到的情况或他们打算做的动作来获得动作最终如何完成的画面。经验，甚至他人的动作都意味着你不必通过自己甚至别人的动作来一步步往下预测。你可以在你真实做出动作之前就在脑中预演即将发生的事。

虽然熟练的运动员不需要使用球拍就能预测羽毛球的落地点，他们也不需要利用球来预测球的走向，但是他们并没有认识到这一点。运动员并不总能知晓所有他们用来预测动作的线索。也许，这就从某种角度解释了为什么最优秀

⊖ 1 英寸约合 2.54 厘米。

的运动员并不总能成为最好的教练。他们无法通过反思自己的动作来把这种能力教授给新人。可能这就是韦恩·格雷茨基（Wayne Gretzky）的情况。在统治冰场多年之后，格雷茨基一直努力组建一支冠军球队，无论在奥运会还是在NHL。作为一个运动员，格雷茨基似乎能在对手自己意识到自己要做什么之前就预测出对手的动作，但是这种能力却很难教授给别人。[28]

很明显，我们的思维可以引导我们的行为。但是很多我们所知道的关于外界的知识来自于我们能在环境中移动的能力。身体也会影响头脑。也许这就是为什么人们会说，你必须真的曾经有一些弹钢琴经验才能真正欣赏斯特拉文斯基的《彼得鲁什卡》（*Petrushka*），以及为什么那些最狂热的体育迷都曾经身为运动员。简而言之，我们身体上的经历会对我们精神上的理解造成决定性的影响。身体的经历同时也会决定我们对在我们周围所看到、所听到内容的着迷程度。

第 7 章

母亲抑郁，婴儿沮丧
与他人产生共鸣

　　婴儿的母亲如果情绪沮丧，婴儿就容易表现出更多的负面面部表情（与情绪正常的母亲的婴儿相比）。因为沮丧的母亲每天会表现出更多的负面情感行为，所以她们的孩子会经常和这些反应步调一致。

电影《爱情故事》（Love Story）可能是现代电影业最成功的催泪弹之一。片中故事发生在20世纪70年代的哈佛大学校园，电影讲述了学生奥利弗·巴雷特四世（Oliver Barrett IV）和詹妮弗·卡瓦莱丽（Jennifer Cavalleri）的故事，他们在拉德克里夫图书馆相遇，当时詹妮弗正在图书馆勤工俭学。虽然他们来自不同的社会阶层（奥利弗来自一个富裕的家庭，他是哈佛法学院的学生，而詹妮弗来自一个朴实的工薪家庭，她是拉德克里夫艺术专业的学生），但是他们马上被彼此深深地吸引。他们经常一起在公园散步以至于忘记了时间。他们共同享用浪漫的晚餐、一起自习。一段时间之后他们决定结婚，但是奥利弗的父亲并不同意这样的结合，因此他和这对情侣切断了所有联系，其中也包括必要的经济支持。

这对新婚夫妇努力赚钱养家。詹妮弗每天大部分时间都在私立学校当老师，奥利弗以班级第三名的成绩毕业，在纽约的一家顶尖公司找到了工作。当这对夫妇试图弄明白为什么詹妮弗总是无法怀孕时，他们发现她已经进入了病情的晚期。奥利弗除了要承受巨大的痛苦之外，还因为詹妮弗生病产生的大量医疗费用，再一次陷入了可怕的财务危机。他放下了自己的尊严，去向他的父亲寻求帮助，但他还是太骄傲了，他并没有告诉父亲他之所以需要钱是因为詹妮弗的病。相反，奥利弗承认了他父亲的说法，这笔钱是因为另外一个女人怀孕他才需要的。

电影的最后一幕发生在医院，詹妮弗临终时奥利弗陪在她的身边。当他的父亲发现了儿子需要这笔钱的真正原因时，他马上奔往医院试图做最后的补偿。詹妮弗在他赶到的那一刻去世了。当奥利弗的父亲为自己的行为向儿子道歉时，奥利弗回答了一句让人印象深刻的话，这句话也是詹妮弗说过的："爱就是永远不必说抱歉。"

虽然观众知道电影就是电影，但是很多人只要一旦想起《爱情故事》，还是会进入"泪奔"的状态。电影制作人依赖于这样的反应，事实上我们的神经回路并不总能清晰地区分什么是真的，什么是假的。导演努力把观众带入故事，让观众感受电影角色的情绪，就像他们自己身在电影中一样。这就是《爱情故事》这样的电影得名"催泪弹"的原因。

我们知道演员实际上只是在表演喜怒哀乐，但是我们在观看催泪电影的时候还是会哭，因为我们的头脑很大程度上把看到的感情当成了真实的感情。当我们阅读悲伤的爱情故事时也是如此。我们和角色产生了共鸣，好像我们也经历了他们的试炼和苦难一样。我们通过重现以前相似情境下的想法、感觉、情感（甚至是视觉、声音和味道）来理解我们现在阅读或观看的内容。这就是《爱情故事》如此成功的原因之一。我们都能产生共鸣。

很多科学家相信移情作用——能够体会他人情绪和感觉的能力——很大程度上能用"有样学样"来解释。也许大家都已经猜出来了，镜像神经元（研究发现，这些脑细胞不仅在猴子做出动作时会有反应，当猴子看见别人做同样的动作时也会有反应）对于共鸣的研究来说很重要。镜像神经元经常在关于动作的文献中被提及，但是镜像神经元以及更广义的镜像的概念对于理解他人的情绪和感觉来说也很重要。通过映射我们所看到的动作和相关的情绪，我们至少拥有了一部分理解周围情绪的能力。

我们通过把其他人的行为投射到我们过去的动作经历上，来实现用当时对应的已知情绪状态来理解、感受其他人的情绪。由此我们可以从很大程度上了解别人的感受，甚至当我们无法直接观察到别人的情绪，或者他人不愿向我们透露他们的感受时也是如此。镜映的概念（以及引发这个概念的镜像神经元）帮助解释了观看和感觉之间的直接联系是如何产生的。[1]

我的一位同事、芝加哥大学的神经系统科学家让·代斯提（Jean Decety）进行了一项研究。代斯提一开始要求志愿者阅读一些简单的事件描述，这些事件都很容易引起紧张情绪，比如："有人打开了你忘记关上的厕所门。"他要求一组志愿者阅读这些情境，并具体想象自己置身其中的情形。他要求另外一组志愿者想象自己的母亲置身其中的情景。想到你的母亲正坐在马桶上绝对会让你瞬间就感到不寒而栗。[2]

当志愿者想象这些情况的时候，代斯提用功能磁共振成像来观察他们大脑内部的情况。当人们想到自己置身这种尴尬的情况以及自己的母亲正经受同样的折磨时，他们脑中负责处理情感信息的皮质，如杏仁核，就变得兴奋起来。一些负责体验自身情绪的脑组织在我们想到别人经历相同的事情时，也会被重新调用。代斯提的研究为这样的情况提供了线索：当我们发现《爱情故事》中的詹妮弗就要死去时，我们为什么想要哭（有些人确实哭了）？我们大脑中的情感中心会记录我们所看见的感情波动，就像这些波动是我们自己产生的一样。正如有经验的运动员可以通过在自己头脑中重现曾经的动作从而理解别人的比赛并预测对手的下一个动作，我们也可以和电影（比如《爱情故事》）中的角色所表现出的情感产生共鸣，因为我们自己也曾感受过痛苦。

这种自我和他人合并的现象经常发生。当人们在视频中看到别人表现出厌恶的表情时，一些皮质区域就被激活了，这些区域和人们闻到有害气体（比如臭鸡蛋的味道）时有反应的区域相同。我们之所以能够识别厌恶的面部表情甚至别人所说出的厌恶性语言，是因为我们自己也感受过厌恶的情绪。[3]

有趣的是，这些移情反应在生命的最初阶段就已经开始了。当一天大的婴儿被其他哭喊的婴儿环绕时，他们哭得更多。接下来的发现更加有趣：在同等强度下，相对于听到合成或人工产生的哭声，婴儿听到另一个婴儿哭喊时会哭得更多。新生儿对和自己哭声更相似的声音反应更大。科学家相信，这样的现象说明我们可能在出生时就被赋予了移情反应的内在能力。这种自身和他人的联结是如此的强大，这种现象让"己所不欲，勿施于人"的概念有了意义，并且形成了移情作用日后发展的基础。[4]

第 7 章 母亲抑郁，婴儿沮丧：与他人产生共鸣

当我们激活大脑的一些情感中心时，比如感到沮丧，或者看到或听到别人（特别是那些很像我们的人）感到沮丧时，我们如何把自己和他人区分开来？事实证明，至少在早期阶段，我们并不能很好地区别。孩子并不总能对自己的想法和别人的想法加以区分。在生命早期，我们还不具有完整的"心理理论"㊀，而心理理论让我们意识到自己的思想和感觉可能和别人的不同。一个简单却很聪明的评估，莎莉-安妮测试（Sally-Anne Test）（这种测试是心理学家所说的错误信念任务中的一种）清楚地证明了这种现象。

研究人员向一个三岁的孩子讲述了一个关于两个女孩的故事，莎莉和安妮。为了做好铺垫，通常实验中的孩子都被告知，两个娃娃分别代表了两个女孩。在故事中，莎莉旁边有一个篮子，而安妮旁边有一个木盒子。研究人员告诉孩子，莎莉有一个玩具，她打算在离开之前把玩具放进篮子里（当玩具在篮子中的时候，没人能看见）。莎莉离开后，安妮走向了莎莉的篮子，拿出了玩具，然后把玩具放到盒子中（玩具再次从视野中消失了）。莎莉回来后，研究人员会问孩子："莎莉会去哪儿找玩具？"正确答案当然是莎莉会在自己的篮子中找玩具，这是她留下玩具的地方。但是根据孩子年龄的不同，他可能无法区分自己所知道的（自己的精神状态）和别人所知道的，在这个例子中也就是莎莉应该知道的。孩子知道玩具现在在安妮的盒子中，但是心理理论意味着自己知道自己脑中的知识可能和别人的知识不同，而事实上莎莉并不知道玩具已经被移动了。

大多数正常发育的孩子都能在大约 4 岁的时候通过某种形式的莎莉-安妮测试。而在此之前，孩子分不清自己和他人，是发育过程中的一个正常环节。在生命早期，我和你的融合是分享情绪和理解的基础——移情作用的重要组成

㊀ 心理理论（theory of mind）是认知发展领域一个新的研究热点，具体指个体凭借一定的知识系统对自己以及他人的心理状态进行推测，并据此对自己以及他人行为做出因果性预测和解释的能力。——译者注

部分。比如，孩子会自动把母亲的行为和自己的情绪相匹配，他们无法将两者分开，他们的感受会和母亲的感受高度一致。正因为如此，孩子可以和母亲建立非常紧密的联系。婴儿的母亲如果情绪沮丧，婴儿就容易表现出更多的负面面部表情（与情绪正常的母亲的婴儿相比）。因为沮丧的母亲每天会表现出更多的负面情感行为，所以她们的孩子会经常和这些反应步调一致。[5]从短期来看，这种身体上的反射帮助婴儿和自己最亲近的看护者建立联系。从长期来看，母亲如果长时间情绪沮丧的话会造成严重的后果。如果孩子持续反射父母表达负面情感的行为，孩子负面情绪的身体表现也会向他们的大脑发送关于自身感受的信号。这样的话，抑郁就会从父母传递到孩子，而身体就是主要的传送工具。抑郁的遗传易感性肯定能够从一定程度上解释母亲和孩子之间抑郁的联系，但是孩子身体的姿势（经常都是从父母那里学来的）也很重要。

而在发育的某个阶段，我们学会了将自己的感觉和周围人的感觉区分开来。甚至对于成人来说，我们也是通过调用自己的身体来理解别人表现出来的潜在情绪信息的，而身体的参与会造成一些惊人的结果。宝拉·尼丹瑟（Paula Niedenthal）是威斯康星大学的一位社会心理学家，她在过去的几十年中一直在研究身体和情绪之间的联系。虽然人们倾向于认为情绪反应根植于精神，尼丹瑟却一次又一次地证明了身体在情绪体验中的重要地位。

在她最令人叹服的一个研究中，尼丹瑟让她的学生参与了进来，要求他们判断一个特定的物体，比如一个婴儿、一条鼻涕虫或者一个水瓶是否和情绪相关。学生们不知道的是，尼丹瑟挑选的物体要么是极易引起情感的——激发强烈的欢乐、厌恶或者愤怒，要么是完全不带有情绪的。除了要为物体评分，学生还要评价抽象概念是否带有情绪，比如欢乐或愤怒。

学生在嘴下方和眼睛上装上了电极，当他们判断物体和概念的情绪性时，尼丹瑟则记录了他们面部肌肉的变化。肉眼不可见的微小动作可以用来评估面部肌肉形成的是皱眉还是微笑。结果很清晰：当需要评判物体和抽象概念时，学生脸上显示出了相对应的情绪。只要几秒钟时间，他们就能决定一条鼻涕虫是否和某种情绪紧密相关，但是在此之前，他们的脸就已经表现出了这种情绪的信号。

大脑的情绪中心向身体发出该如何表现的信号，但是这条线路并不是单向的。我们摆出的姿势所涉及的肌肉以及我们做出的面部表情也向大脑发回了信号，这些都加强了我们的感觉。为了证明这一点，尼丹瑟做了另外一个激发感情的实验，她要求志愿者观看人们变换表情的视频——快乐到悲伤或愤怒到逗乐——并让他们在观察到面部表情发生变化的时候按下键盘上的一个按钮。

不出所料，在志愿者监测情绪变化的脸时，他们自己也在和视频一起变换着脸上的表情。尼丹瑟让一组志愿者自由模仿他们看到的面部表情，但是她让另一组志愿者把铅笔衔在嘴唇和牙之间，这样他们就无法跟随他们所看到的脸做出皱眉或者微笑的表情，而这些志愿者自己并没有意识到。可以随意模仿表情的实验对象检测出情绪变化的速度比那些不能模仿的人快很多。我们的面部表情会向大脑发送反馈，告诉我们应该感受到的情绪，这个反馈信号反过来会影响我们理解别人情绪的能力。正如尼丹瑟所说，这些发现证实了这种说法："当你微笑的时候，整个世界都会和你一起微笑。"[6]

如果你的面部肌肉不发送信号呢？在本书的第一章中我描述了肉毒杆菌是如何防止皱眉和负面情绪信号的。僵化的脸同样也会阻止向大脑发送的正面情绪信息。尼丹瑟研究了安抚奶嘴对社交和情绪的影响。作为一个幼童的家长，安抚奶嘴是我生活的重要部分。她想弄明白安抚奶嘴的作用是否和把铅笔放在牙齿之间一样，会使面部肌肉僵化，因此导致了婴儿不太容易用脸来表达情绪。安抚奶嘴会阻碍正常的情感发育吗？它会阻止孩子模仿他人的面部表情，甚至影响孩子最终成人之后的移情反应吗？虽然她还没有一个明确的答案，但是尼丹瑟认为父母应该谨慎地安排安抚奶嘴的使用时间。虽然我们经常认为安抚奶嘴是生活的救星，因为它能在婴儿紧张的时候安抚婴儿，但是如果安抚奶嘴会阻止孩子完整地表达他们的感受或者无法让孩子完全表达出他们对别人的观察，那么使用安抚奶嘴就存在风险。没错，安抚奶嘴也许可以帮助孩子停止哭泣并防止不快的表情形成，从而预防抑郁循环的出现：孩子不高兴，母亲不高兴，孩子反过来又不高兴。但是我们也必须要记住，无论正面或负面，在脸上自由表达情绪的能力是学习如何和他人产生共鸣的重要一环，也是让孩子能完整地感受自我情绪的重要一步。

当我们通过一些身体动作来自发地模仿别人时，我们会了解到他人的情绪状态，这是移情作用不可或缺的组成部分。有趣的是，这种在我们和周围的人之间形成的相互作用帮我们解释了一个有趣的现象：为什么已婚夫妇在一起生活多年之后他们的长相会相像？

已婚夫妇彼此之间有着强烈的产生移情的能力，他们模仿彼此的面部表情，反过来相似的面部表情也会促进相似的情绪体验。容易达成共识的人相处会更愉快，也更有可能保持幸福的婚姻。研究证实，随着时间增加，这种模仿会造成脸部形态的永久性改变。在一个研究中，研究者向超过一百位志愿者展示了结婚第一年时男人和女人的照片，以及 25 年后这些配偶银婚纪念日的照片。他们还向志愿者展示了一些与前者年龄相同但是是随机匹配的人的照片。研究者要求志愿者判断这些配对人物之间的外形相似性。当然，随着年龄的增长，那些结婚 25 年的夫妇的相似度越来越高，但是随机组合的两个人却没有越来越相像。最让人震惊的是，人们长得越像，他们对自己的结合就越满意。[7] 所以下次当你想要努力和你的另一半沟通时，你可以试试微妙地模仿他或她的表情，这样你就更容易让你们的感受同步，并且在发生争吵时加强不断弱化的感情联系。

我的情绪不是你的

在《爱情故事》的最后一幕中，詹妮弗在弥留之际躺在医院的病床上，她的丈夫正陪在她的身边。医生和护士来来回回地检查她，却似乎并没有被这对夫妇的苦难打动，而观众好像一直都没有觉得这一点很奇怪。

医生似乎就应该具有一定程度的专业精神，能够把自己和病人的痛苦分离开来，这样他们才能冷静地做出艰难的诊断以及治疗决定。但是医生也需要具备一定程度上同情病人的能力。医生的移情对于和病人的沟通来说尤为重要，并且也有助于提高病人的满意度。这种移情作用甚至还会影响病人对推荐的治疗方案的配合程度。医生该怎样和病人建立感情联系才能不过度介入，从而避免妨碍有效的医疗服务？

大多数医生在行医以外的时间也不会表现出不佳的情绪反应，这说明造成感情距离的原因是经验，而非自然倾向，而感情距离正是医疗专业人士能够和病患很好地打交道的根本原因。医生学会了控制自己情绪的技巧，也掌握了专注于他们当下需要解决的问题的能力，这类问题比如急救，或者病人对治疗产生了意料之外的反应。而且人们在刚进入医疗行业的时候（比起拥有很多医疗经验的人），对他人痛苦的情绪反应会更加明显。另外，医生和非医疗专业人士大脑中的某些区域对于他人的不适会有不同的反应，这些区别告诉我们医生是如何与病患打交道的。

神经回路中有着令人震惊的重叠部分，这些部分既控制第一手的疼痛体验，也负责对其他人疼痛的感知。脑岛、躯体感知皮质和扣带回都参与了自身疼痛体验以及对他人疼痛感知的处理。[8] 移情作用很大程度上利用了我们自己和他人之间的共鸣：我们在头脑中模拟，然后体验他人的情绪感受。当医生观看描绘身体被针扎的视频剪辑时，负责疼痛反应的神经中枢在脑区中的活跃度更低（相对于非医护人员来说）。但是这并不意味着当医生看到一个痛苦的事件时，他们大脑的整体活跃度更低。恰恰相反。一个不偏不倚位于前额叶正中央的区域负责管理我们的感觉和情绪，当医生看到其他人遭受痛苦时，这个区域的反应会更强烈。医生脑中的情绪管理中心越活跃，负责记录疼痛的脑组织参与得就越少。[9] 医生通过训练自己的前额叶皮质来驾驭他们镜映他人痛苦体验的自然倾向。

当我们看到他人遭遇困境时，我们缓和情绪的能力也会自发地激活，这种能力是要用一生的时间来培养的。对于一个 7 岁的孩子和一个 30 多岁的成年人来说，看到别人的手被车门砸会产生非常不同的体验（至少对于大脑来说是这样的）。我们在理解这些情绪化的情况时，随着年龄不同，心理和生理反应也会发生相应的转变。比较小的孩子的情绪反应会更加发自肺腑，为了确定他们所见情形的情绪意义，这种反应至关重要。当看到车门砸在另一个人的手上时，这些孩子可能会缩回甚至抓住自己的手。与此相对的是，成人表现出了更加合乎逻辑也更超脱的反应，更像是经验丰富的专业医疗人员。随着我们变老，我们在理解他人感觉方面的能力越来越强，其中也包括把他人的情绪和自己的情绪分开的能力。前额叶的发育一直会持续到 25 岁左右，这种发展会帮助情绪意义的形成。在此之前，说了算的更可能是大脑的情绪中心。

就像医生通过训练自己的前额叶来缓和痛苦反应一样，为了在面对各种悲惨和紧张的情况时能够驾驭情绪，我们也无时无刻不在发展这项技能。数学恐惧症患者如果在数学考试中激活了某个和医生相同的情绪管理进程，那么他们就能在考试中表现得更好。与之类似的是，有恐惧症的人，比如害怕蜘蛛的人，可以通过控制恐惧反应的办法来接近一只狼蛛——勇敢地靠近，甚至伸手触摸蜘蛛恐怖的 8 条腿。患有数学恐惧症和蜘蛛恐惧症的人是怎么做到的？有一个技巧，就是简单地写下你关于这些负面事件的想法和忧虑。只需要花 10 分钟的时间把这些负面想法从你的头脑中下载出来就行，这种做法会防止你的负面情绪从头脑中涌出，避免你在从事当下的任务时分心。[10] 从某种角度上说，书写会帮助你的前额叶降低你负面反应的广播音量。

我想说的是，我们的情绪和恐惧不应该击败我们。当负面反应出现并且威胁要摧毁我们的时候，我们只是需要一个能够使用的工具，就能缓和这些负面反应。专业医疗人士学会了用这种方法把自己和病人的痛苦分开。我们也能学会。

☆　☆　☆

让我们重新回想一下我的同事让·代斯提，他要求人们想象自己被撞见在马桶上，以及自己的母亲身处相同窘境的情景。当人们想到自己和母亲的时候，虽然代斯提发现了大脑中很多负责情绪的领域活跃了起来，但是这些区域仍然是有差别的。最令人震惊的是，感觉皮质的活动指出了一个人脑中想的是哪种情境。位于运动皮质正后方的感觉皮质是负责接收感官信息——触觉、听觉、嗅觉——的脑组织。感觉皮质在我们想到自身的时候会比想到他人时更活跃，很有可能这是因为当我们想到自身时，我们会更加直接地激活以往的生理体验。

与之紧密相关的脑组织颞部顶骨连接部位（TPJ）在分辨感觉的归属方面也有重要作用，TPJ能把我们的感觉和行动与其他人区别开来。TPJ从不同的感官收集信号，并把各种各样的与身体相关的信息集成起来，从而帮助我们形成自身感受的整体画面。因为TPJ就是身体监控器，所以大多数人认为它对我们心理理论——了解自己的想法、动作以及意图和他人有别的能力——的形成起着重要作用。为了判断我们的感觉是自身体验的结果还是对其他人体验的移情反应，TPJ会和感觉皮质一起发出相应的信号。[11]

在TPJ及其周边脑组织出现的异常情况有时和自闭症谱系障碍有关。[12]这不禁让我们想到，某些神经区域的结构性错误（或者至少该区域收发信号能力出现问题）是否会导致自闭症，因为这些神经区域负责帮助我们分辨自己和他人的行动和意图。患有自闭症的人都有社交障碍，特别是在理解他人情绪和意图方面。如果你无法把另外一个人的行为——比如微笑、皱眉或者痛苦的表情——和自己动作储备库中相似的行为进行匹配，那么你在理解他人行为上就会遇到问题。

自闭症：破碎的镜子

不是所有被诊断患有自闭症谱系障碍（ASD）的孩子都会表现出可见的症状。但是如果你和他们进行互动或者尝试和他们沟通，就会发现问题。一个孩子可能会躲避你的目光，可能无法正常回答问题，还可能会前后摇晃，甚至把头埋在手中。和正常发育的孩子不同，患有 ASD 的孩子可能无法准确地解读你的面部表情或者身体姿势，他也不会利用社交暗示来理解你的想法或感受。如果你开玩笑时伸出舌头，他不太可能会模仿你伸出舌头的动作，而其他很多孩子都会这么做。有些被诊断患有 ASD 的孩子发现模仿是一件很难的事。

人的身体姿势和面部表情是极其重要的社交信息来源。这些动作能告诉我们一个人的情绪状态，他是朋友还是敌人，他会做什么，而我们应该如何来回应。准确地感知和识别他人展示出的社交线索对于社会交往来说至关重要，但并不是每个人都能做到这一点。患有 ASD 的人（据估计每 88 个孩子中就有 1 个患有此病）[13]在理解他人展示的社交信息时有很大的障碍（特别是非文字的社交线索）。有些科学家认为损坏或有缺陷的镜像神经元系统导致了这种社交信息处理上的不足；这种想法的产生是由于科学家们发现 ASD 患者的感觉神经、运动神经以及大脑的相关区域出现了异常情况，而这些区域的工作就是发动自身行动，以及通过把其他人的行动和自身以往的经历同化，为他人的行为赋予意义。[14]

为了研究人类的镜像反应，研究者经常使用脑电图（EEG）成像方法；患者或受试者会戴上装满电极的笨重帽子，这个帽子会把脑电波信号传送到屏幕上，然后创造出一幅属于这个人的脑电波图。研究者很久以前就发现脑电波中有一个叫作 μ 波的部分，它在我们自发做出动作时会被抑制，比如伸手抓瓶子。虽然大脑的感觉和运动中心的神经元在人们休息时会同步放电，但是只要发起一个动作就会破坏这种同步，相应的 μ 波的振幅就会大幅降低（术语是 μ 抑制）。最让人震惊的是，这些 μ 波在我们观看其他人做动作时也会受阻。就像是猕猴自己拿东西和看别人拿东西时它们的镜像神经元都会被激活那样，当你做动作和看别人做动作时，你自身的脑电波会以可预见（也很相似）的方式发出行动改变的信号。考虑到人们感知和执行动作时 μ 波抑制的相似性，研究者相信 μ 波可能是镜像神经元活跃度的一个指标。

在一个实验中，研究者要求戴着 EEG 帽的孩子抓取一个物体，或观看其他孩子抓取同样物体的视频。当发育正常的孩子做出抓取动作时，他们大脑的活跃度和他们观看其他孩子做相同动作时的活跃度相当。但是，患有自闭症的孩子的脑电图显示出，只有他们自己抓取物体时他们才会发出行动信号。似乎患有 ASD 的孩子并不总能感受他人的行为，至少他们不把这种行为当作自己可能会做出的动作。[15]

一些新的证据指出我们能通过生物反馈训练来学习抑制我们的 μ 波。加州大学圣迭戈分校的杰米·皮内达（Jaime Pineda）教授一直在探索，被诊断患有 ASD 的孩子是否能学会管理自己的脑波律动，从而能更好地去感受和理解他人的感受和行为。皮内达毕生致力于理解大脑如何从外在世界接收信息以及如何去处理这些信息。皮内达在大学的现代认知科学楼有一间角落办公室㊀，如果你在别的地方遇见他，你可能不会知道他其实是一位著名的神经系统科学家。他没有架子，声音柔和，目光活跃，笑起来也很温暖，他充满创造力的气质会让人更多地联想到他是一位艺术家，而非一位科学家。但是他的创造力却

㊀ 角落办公室（corner office）即处于公司最佳位置的高级办公室。这里的角落是指方形、长方形或多边形办公大楼的拐角部分。——译者注

在他不同寻常的研究计划上完美地展现了出来。

在一项研究中，皮内达招募了一些圣迭戈当地被诊断患有 ASD 的孩子来参加一个神经反馈训练计划。[16] 所有孩子都是高功能㊀，智商正常，而且具有和其年龄相符的语言能力。他们的父母都是"瓦莱丽名单"的成员，这是圣迭戈的一个互联网自闭症互助团体。在这个长达 10 周的研究中，孩子每周都要去皮内达的实验室参加几次训练，而在训练期间孩子都会带上 EEG 帽来监控脑电波活动。皮内达和他的团队利用几款不同的电子游戏来教孩子如何控制他们的脑电波，这些游戏包括赛车、机器人，以及太空探索。孩子学会了利用想法来移动屏幕上的物体，比如围绕跑道移动赛车。他们总共训练了 15 个小时左右。10 周之后，他们的父母反映这些受过训练的孩子在注意力、交互以及其他社交行为方面有了积极的变化（和没有接受训练的孩子相比），而这些被改善的症状通常都是和自闭症如影随形的。如果患有 ASD 的孩子能够学会改变他们的 μ 波，这将有可能带来自闭症的新疗法。需要特别指出的是，这些游戏可以从孩子自己做动作和观看别人做动作两方面加强 μ 抑制，从而帮助孩子掌控自己的世界并成功解读周围人的行为。

这种行为变化的循环，即从神经反馈训练到自闭症相关症状的改善，证明了身体和相应地用来控制行动的大脑信号所具有的重要意义。当孩子改变了自己的心理模式时，他们自身的行为也会相应地发生改变。也许当患有自闭症的孩子能够意识到自己的行为和周围人的行为密切相关时，他们就能找到社会交往中所包含的意义。当成年人开玩笑地伸出舌头时，孩子看见的不仅仅是一系列身体动作，他们还能把动作和意义联系起来，然后认识到这个大人是在开玩笑，而且他正期待一个好玩的回应。

㊀ 高功能（high functioning）自闭症属于自闭症的一种特殊表现形式。自闭症也叫孤独症，属于广泛性发育障碍，而高功能自闭症属于自闭症的高功能人群，智商高于其他自闭症患者甚至远超正常人。——译者注

但是很多科学家仍然认为现在没有充分的证据能够证明自闭症是由于镜像系统受损而造成的，他们不愿接受这种说法。[17] 因为自闭症经常伴有各种认知和运动缺陷，因此很难确定镜像问题就是这种疾病的真凶。可能有一种更宏观的东西在起着作用，比如说，无法注意到别人及其行为，而这会导致对社交信息的理解缺陷。虽然某些患有 ASD 的孩子在模仿他人动作方面有障碍，但是另外一些却没有。有可能患有 ASD 的孩子只是不知道应该什么时候模仿。似乎患病儿童之所以不知道该如何去做出回应，是因为他们无法理解社交线索。

简单来说，患有 ASD 的儿童是用一种不同于常人的方法在处理社交信息，他们并没有像正常发育的孩子那样把信息加上偏好（至少在脑中）。似乎在自闭症患者的大脑中，社交信息和其他任何我们所接触到的信息并没有区别。微笑不会被理解为友好的信号，微笑只是面部肌肉的一种特殊移动方式。被诊断患有 ASD 的孩子的大脑不会向其他人那样提示社交信息。[18] 他们无法把他人行为和自身行为相联系，这些能力的缺失似乎和社交过失紧密相关。这种问题是否和镜像系统有关仍然不得而知。但是，可以确定的是，我们的行为形成了理解他人行为的基础。

查尔斯·达尔文把态度定义为一系列的动作，比如某种特定的姿势，因为这些动作可以描述一个人在特定时间点的感受。弗朗西斯·高尔顿（Francis Galton）爵士也把态度形容为身体的倾向。威廉·詹姆斯（William James）认为情绪的基础就是情绪状态的身体体验。我们的身体不仅在感受情绪方面至关重要，同样也影响了我们与周围人的感觉和意图产生共鸣的方式。

第 8 章

被别人拒绝,身体也会疼
社交温暖的根源

当人们在服用扑热息痛(泰勒诺)几周后,他们表示,每天的社交痛苦减少了,而且他们大脑的疼痛矩阵对于社交拒绝也更加不敏感了。每日服用泰勒诺会减少和社交拒绝相伴随的受伤感,而这很有可能是因为泰勒诺降低了负责疼痛的神经回路的灵敏度。

第 8 章　被别人拒绝，身体也会疼：社交温暖的根源

1957 年的威斯康星大学，由心理学家哈利·哈洛（Harry Harlow）管理的灵长动物实验室中，有一只刚出生一天的猕猴，叫作简，它和母亲被分开了。在野外，这种分离几乎肯定会造成小猴子的死亡，但是在动物实验室中，简被经验丰富的工作人员照顾着，它营养充足、身体温暖，而且干净。简被放在一个铁笼中，而哈洛和他的研究团队开始了对爱的本质的研究。

人类爱和情感的最原始的表现来自婴儿和他们的母亲。很多我们建立感情联系的能力以及和别人产生共情的能力，都被认为是由亲密接触引发的。但是，是什么让婴儿爱自己的母亲呢？这种对母亲最初的爱是如何转化为我们成年后向爱人或配偶表示情感的能力的呢？

在 20 世纪 40 年代和 50 年代，当心理学仍然被精神分析理论和行为主义理论统治时，普遍的观点认为母亲和婴儿之间强烈的依恋大部分是由婴儿最基础的需求引起的：对食物的需求，主要是奶水。婴儿会把自己的母亲和饥饿感减少相联系，而任何对母亲的爱和情感都被认为是这种联系的副产品。哈洛并不相信这种观点，他知道，多亏了巴甫洛夫对狗的实验，这使得任何事情都能和食物建立正面联系。每次当巴甫洛夫给他的狗一块牛排时，他就会敲响铃铛。一段时间之后，甚至在没有牛排的情况下，狗听见铃声也会流口水。但是更为重要的是，在一段更长的时间之后，单纯的铃声就不会再引发口水效应了，铃声和肉之间的关联消失了。这类关联似乎跟母亲和孩子之间的爱非常不同。因为就算我们的母亲不再是主要供养者了，人类的情感通常仍然不会减弱。情感会逐渐加强最终演变为一种终身的羁绊。对基本需求的简单满足很难解释这类情感。哈洛想知道情感本身是否对于健康发育很重要，甚至是跟食物和水一样重要。

哈洛的主张和当时的主流观点有着明显的不同，当时普遍认为情感对于人类发育来说没有真正的意义。父母经常被警告，如果他们不加以抑制过多的情感的话，将有可能会导致孩子产生心理问题。"当你想要爱抚自己的孩子时，

请记住母亲的爱是一种危险的工具",约翰·华生（John Watson），一位当时顶尖的心理学家如是说。[1]

哈洛最开始供职于威斯康星大学，负责研究老鼠能在迷宫中找到食物的条件，但是很长一段时间以来学校都不能给他提供足够的空间来完成这个啮齿类动物的研究。他在一次宴会中抱怨了他并不存在的实验室，他的一位朋友在听到这个情况之后，建议他拿猴子做研究。于是哈洛把大学街边的一栋闲置建筑变成了一个最先进的猴群居所。他在测试单个笼子中的成年猴子时遇到了很多麻烦，后来他发现研究猴宝宝更加简单。猴宝宝一开始被放在保育箱中，然后它穿着用于吸收排泄物的尿裤，被转移到了一个小型笼子中。

和又硬又冷的金属笼壁不同，软软的尿裤吸引着猴宝宝。当需要换尿裤时，小猴子经常会抓着尿裤不放并开始发脾气，就像是人类小孩必须时时刻刻抱着最心爱的软毯子或毛绒玩具一样。这种对衣物的依恋从何而来？尿布肯定没有满足婴儿任何的基本需求，比如水和食物。

哈洛认为婴儿可能是通过接触温暖、柔软且毛茸茸的衣物获得了心理安慰，因为这些东西具有母亲的身体特征。为了测试这个被他称作"接触安慰"的概念对于猴宝宝来说是否也很重要，哈洛做了一个巧妙的实验，他把猴宝宝和两种不同类型的代理母亲配对。其中一个代理母亲是一块木头做成的，它的外表面被海绵橡皮和柔软的棉毛织物覆盖着。这个假妈妈内部还有一个100瓦的灯泡，可以散发热量。木头的顶端甚至还有一片画着眼睛和鼻子的圆形木片。成品既柔软又温暖。第二个代理母亲是由金属网丝做成的，但是上面没有棉毛织物覆盖。第二个妈妈和金属壳差不多，不太好拥抱。

每个猴宝宝的住处都连通着两个相同但独立的小隔间，两种代理母亲被分别放置在这两个小隔间中，这样猴宝宝就可以轻松自由地在这两个母亲之间往返。某些猴宝宝的金属网妈妈身上连着一瓶牛奶，而对于其他猴子来说，则是衣物妈妈带着牛奶。令人震惊的是，无论牛奶瓶在哪儿，简和其他受试猴宝宝大部分时间都缠着衣物代理母亲。如果金属网代理母亲有牛奶，猴宝宝就会尽快把奶喝完，然后跑回衣物代理母亲那里。当把一个可怕的新玩具——一只敲鼓的机械泰迪熊——放到猴宝宝旁边时，猴宝宝就会跑到衣物妈妈那里，无论它是否提供牛奶。看起来和亲密接触相关的心理安慰才是猴宝宝情感发育的驱动力。

在其他研究中，哈洛用温暖的衣物代理母亲养育了一组猴宝宝，又用冰冷的金属网代理母亲养育了另一组猴宝宝；每个母亲都连着一个牛奶瓶。虽然猴宝宝增重的速度相同，但是那些跟着金属网妈妈的小猴时常会患有痢疾和消化问题。生理不适，特别是消化问题，经常都是心理压力的表现，所以缺少身体接触安慰似乎对于猴子来说是一种心理压力。[2]

我们自然而然地假设基本生理需要会胜过所有其他事情，但是哈洛做出了一个令人震惊的断言：提供牛奶的金属网妈妈是"生理上胜任但是心理上不足的"。他的研究仍然经常被引用，因为他证明了母子之间的亲密接触对于孩子能否建立健康的心理倾向是非常重要的。衣物代理母亲更受猴宝宝欢迎，因为它是毛茸茸、柔软而且温暖的，就像一只真的猴妈妈一样。温暖的代理母亲所替代的很有可能是本应来自真实母亲的社交温暖。我们的大脑并不总是能够区分生理和心理需求。

温馨还是冷遇

从出生开始，温度和社会抚慰之间的联系就很明显。我们的看护者把我们抱紧并向我们提供爱和支持。通过这些亲密时刻，我们学会在温暖和亲密接触他人之间建立联系。这种关联在生命的晚些时候也会出现。当很多人同处一室时，无论是在飞机上、教室里，还是在电梯中，环境温度会因为身体热量的发散而升高。温暖的气温总体上是和更紧密的交流相连的,虽然有时也不一定是好的作用。涉及人和人之间的犯罪,比如袭击,通常都是在燥热的天气发生的。

我们的语言也描述了身体和社交温暖之间的联系。比如,我们把朋友描述成"热忱的",而把敌人描述成"冷酷无情的"。两人之间的关系可能是"温情的",或者你可能会遭到"冷遇"。这些比喻的出现是因为我们是通过对真实世界的类比来理解自己的感情的。甚至我们在想到社交温暖时所激活的大脑状态和我们在生理上体验到温暖时所激活的是相同的。这种联系的重要后果之一在于,对温暖或冷酷的生理感觉会影响我们的判断和行为——但是我们却经常意识不到这种情况。

我们来看一个实验,神经系统科学家邀请了一些志愿者,研究者会在这些志愿者进行一系列实验项目的同时扫描他们的大脑。[3] 首先志愿者会阅读亲密朋友以及家人之间的充满爱心的信息,比如"在我迷失的时候,你就是我要找的人"和"你是我全世界最爱的人"。而后则会阅读一些类似于"你的头发很弯"以及"我已经认识你十年了"这样的没有感情色彩的信息。在实验的第二部分,志愿者有时会拿着一个暖手袋,而其他时间则会抓着一只橡胶球。志愿者描述说,他们在阅读充满爱意的信息时比阅读那些没有感情色彩的信息时,会感觉更温暖。他们还说,当他们握着暖手袋时,相对于捏着橡胶球时,他们会感觉和社会有更多联结。

越来越多的证据能够证明人类生来就具有把温暖和幸福、信任以及安全相联系的能力;换句话说,这种能力可能是大脑所固有的。而这里面所涉及的脑组织——脑岛,则深深地藏在大脑中。大脑对生理温度和社交温度的处理都被认为和这个组织有关,而所谓的社交温度,具体说来也就是信任、移情作用、社会排斥,以及难堪。

脑岛(insula)在拉丁语中是"岛"的意思。当你揭掉大脑的最外层,就

第8章 被别人拒绝，身体也会疼：社交温暖的根源

会发现一些看起来有些像地形起伏的岛的皮质。脑岛既会记录生理体验也会记录心理体验，它帮助我们把温度和社交亲密性无缝连接。脑岛的作用就像一个通讯集线器，它是生理和心理之间的集线器。

这种生理温暖和社交温暖之间的联系同样也能延伸到我们的动作上。研究者进行了这样的实验（真正的实验隐藏在产品评估研究的背后），他们让人们评价治疗垫的冷热程度。他们被问及这些垫在制热或制冷方面的效果，以及他们是否会向自己的朋友或家人推荐这款产品。然后受试者会参与一个线上投资游戏，受试者需要决定在受托人身上投多少钱以便从投资中获得一笔客观的收入。在触摸了冷垫之后，游戏者就没那么信任他们的匿名合伙人了，所以相对于触摸热垫的时候，他们触摸冷垫之后投资的钱更少。研究者发现当人们经历低温时，以及在经历低温之后做出信任决策时，脑岛都会更加活跃，这种现象说明负责衡量温度的脑区，和负责权衡那些与信任他人有关的决策的脑区有重合。[4] 冰冷的生理体验会让我们更难做出和信任相关的行为。

这些发现肯定会让你好奇，温度可能会如何影响各种类型的决策？比如在法庭上，如果房间更温暖的话法官会做出更仁慈的判决吗？在我们的印象中意大利人热情好客而瑞典人则是非常冷静，这种认识有多大程度是来源于他们生活环境的温度？

我们的大脑结构告诉我们，生理温暖和社交温暖之间的联系并不应该只是单向的。如果我们的神经温度计在理解社会交往上投入了双倍的努力，那么就不应该仅仅由生理温度产生社会舒适度，反之也应该成立。在一个实验中，当研究人员要求受试者回想被前男友或前女友拒绝的经历时，相对于回想社交上的相互包容的体验，他们觉得所在的房间要更冷一些。当我们感觉到被拒绝或被孤立时，也更倾向于对温暖的食物（一碗热汤）和热饮（一杯香茗）感兴趣。[5]

当我们在社交中被冷落时，我们更倾向于去追求生理上的温暖，而这可能恰好可以解释一个有趣的实验，这个实验是由我、我丈夫和我女儿一起完成的。任何家长都知道，当你第一次把孩子整晚都交给另一位看护者时，你会极度焦虑。一晚好觉或者在淋浴中安静地消磨一段时光会让父母好受一些，但是整个过程仍然是艰难的，特别是当你的孩子能够说话，并说出"我不想让你离开我"的时候。

我和我丈夫第一次一起离开我们的女儿莎拉时，她还不到两岁。我们两人曾经各自独自旅行过几天，但是从来没有同时离开过家。这种分开旅行的生活大概持续了将近两年，之后我们想，是时候一起出发了。我们的计划是把莎拉留给她的祖母（莎拉管她叫"蒙加"），然后在树林里度过一个只有我们两人的周末。

我和我丈夫在雷斯岬国家海岸公园附近找到了一家舒适的家庭式旅馆，它地处偏僻，而且手机信号也时有时无，只有一部紧急情况下使用的座机。在那里，我们的生活仅仅只是睡觉、吃饭、远足，然后再睡觉，当我们从科技荒漠归来时，我们精力充沛、身心轻松，但是同时我们也急切地想知道我们的女儿怎么样了。

不出所料，我母亲说我们刚走的时候她还流着眼泪，但是当我们把车开出车道之后她就不哭了。当莎拉明白我们是真的走了的时候，她既不想看电影、不想读书，也不想玩我母亲给她买的火车模型。她想穿上她舒适、毛茸茸，而且温暖的睡衣。她不想脱掉睡衣。虽然她外祖母觉得这有点奇怪，但是还是乐意照做。

此时，我还不太明白我的女儿为什么会突然迷恋上睡衣。但是由于这种爱好并没有延续下去（我和丈夫回来之后，她就对睡衣没那么感兴趣了），所以我也没有多想。直到我们旅行几个月之后，当我看到哈利·哈洛把生理温暖与

第 8 章　被别人拒绝，身体也会疼：社交温暖的根源

爱和亲近感相连的经典心理学研究时，我才明白莎拉想要穿睡衣的渴望与她对安全和温暖的需求之间的联系。[6]虽然哈洛并没有给他的猴子穿睡衣，但是发生的情况也很类似。生理温暖会弱化人对被社会孤立的感觉。[7]

孤独真的很像一种社交冷漠。所以《心灵鸡汤》这样的书才有意义。在将近 20 年的时间里，通过讲述关于成功和爱的真实故事，这个系列抓住了上百万读者的心。在遭遇分手或被社会孤立的时候，人们学会转向这些书来寻求鼓舞。但是大多数人不知道的是，在阅读这些书的同时再喝上一碗温暖的鸡汤，也会是一个不错的主意。事实上，当我们感觉孤独时，有很多值得推荐的自我治疗方法——当我们意识到心灵和身体之间的联系之后，我们可以把这些方法轻松地融入生活中。你可以去温暖的地方度假、穿上舒适的毛衣，甚至喝上一杯热酒也会让人感觉被爱和被包容。相反的情况也成立。在寒冷的冬天，你可能更愿意观看让人心情不错的爱情喜剧。[8]我们会在浪漫言情剧中寻求情感温暖。我们身体的温度和周围环境的温度对头脑有着深刻的影响。

这种感觉和温度之间的互换同样也会帮助我们理解各种心理失调，比如季节性情绪失调，也被恰如其分地缩写为 SAD（英文中有悲伤之意）。在冬天昏暗的日子里，即使在白天，患有 SAD 的人也会表现出抑郁的症状。这种失调不同于常规的抑郁，因为患有 SAD 的人在其他情况下都很健康，特别是在阳光灿烂的夏季。对于 SAD 的研究以前主要聚焦在日光减少和抑郁之间的关系，但是寒冷的温度可能也会增加病人的悲伤感和孤独感。冬天寒冷的气温可能会放大抑郁的感觉。虽然医生经常推荐患有冬季抑郁症的病人使用 UV 太阳灯，但是病人可能仅仅是从太阳灯发出的温暖中获得了益处。

简单说来，身处温暖的环境会让人感觉更好，也会和他人更亲近。也许历史上的多数重大政治会议都选择在一个温暖且亲近的环境中召开并不是一个巧合。比如戴维营就位于马里兰州郁郁葱葱的山林中。从富兰克林·D.罗斯福开始，美国历任总统都曾经把世界领导人聚集到戴维营来处理危险的政治话题

并订立重要政策。在吉米·卡特的推进下，戴维营协议，这个标志性的中东和平决议在 1978 年由埃及前总统萨达特和以色列前首相赫姆·贝京在戴维营签署。总统奥巴马 2012 年在戴维营举行了 G8 峰会。坐在温暖的火旁很有可能会让人变得包容起来，进而让大家同心一致。最终会晤的结果确实也体现了相互理解和共同决策的精神。温暖会让人感觉与他人更亲近、更连通。

被拒绝，身体会很疼

数十年来，神经系统科学家一直都非常清楚，大脑中有一个特殊的脑回路参与了记录生理疼痛的过程。无论你是被针扎、灼伤手，或是扭伤脚踝，很多相同的神经回路都会被激活并参与处理疼痛。这个"疼痛矩阵"包含了脑岛、扣带回以及躯体感觉皮质这样的脑区，而这些区域记录了从感官获得的信息。科学家已经发现，就像寒冷感和孤独之间的联系一样，识别生理疼痛的神经组织以及处理感觉和情绪痛苦的神经组织也有一部分是相同的。[9] 我们理解心理上的不利环境（无论是"伤感情"还是"伤心"）的方式和理解生理上的是类似的。

用相同的脑系统来记录社交痛苦和生理疼痛，在进化和效率层面都是很有道理的。与其发展出一个全新的用来记录社交痛苦的脑区，还不如通过进化我们古老的疼痛系统来实现这个功能。也许斯坦福大学的神经系统科学家罗伯特·撒波尔斯基（Robert Sapolsky）的形容最为贴切："进化是一个修补匠而不是个发明家。"[10] 我们用我们最擅长的做法来处理社交痛苦：那就是在生理上感受疼痛。

很容易就能看出，我们的生理疼痛系统是如何进化成能够记录社交痛苦的系统的。很多灵长类动物，特别是人类，有一个很长的婴儿期，这就意味着在幼儿时期维持社会联系（对于食物、住所和保护的需求）对于生存来说至关重

第8章 被别人拒绝，身体也会疼：社交温暖的根源

要。和看护者分开对于生存来说是一种威胁。也许在远离自己的看护者时，那些能够更好地利用疼痛系统作为社交警报的婴儿才能存活下来，如此就进化出了这个能完成两个功能的系统。[11]

两位来自加州大学洛杉矶分校的神经系统科学家，娜奥米·艾森伯格（Naomi Eisenberger）和马特·利伯曼（Matt Lieberman）认为我们的生理疼痛系统和社交疼痛系统是同一个。他们的实验从2003年开始，他们当时要求志愿者玩一个名为《橄榄球》的电脑游戏。[12]《橄榄球》看起来只是一个关于传接球的虚拟游戏，同时志愿者的电脑和另外两位玩家的电脑相连。志愿者看不见其他玩游戏的人；研究人员把其他玩家的一些信息告诉了志愿者，比如名字、年龄，以及一点关于兴趣和背景的信息。一开始，三个玩家一起玩球，但是到了一个时间点后，另两个玩家就不再带志愿者玩了，他们只在彼此之间来回传球。志愿者只能坐在那里看着自己被排除在游戏之外。

实际上并没有其他玩家，游戏是由计算机控制的。但是志愿者并不知道这些。当志愿者参与游戏然后被排除出游戏时，科学家窥视了志愿者的大脑内部，发现神经疼痛矩阵——特别是脑岛和前扣带回皮质（ACC）部分——被激活了。除了处理负面情绪，ACC还是一个神经警报系统，检测是否有与重要目标相抵触的行为、反应或事件出现。比如，当妻子问丈夫她穿的衣服是否让她显得臃肿而丈夫不假思索地回答"是"时，妻子的ACC可能就会被激活。当我们犯了一个类似于这样的社交错误时，ACC就会产生独特的电信号，该信号会让大脑的其余部分知晓：出现了状况。正因为如此，ACC经常被当作我们的"天哪，糟了"传感器，让我们意识到出了问题。所以你也就不会奇怪为什么ACC会在我们被拒绝或处于不利社交处境时被激活了。在生理疼痛方面，那些用于警告问题出现的最基本的信号同样也会激活这部分脑区。

因为大脑并不总能分得清生理疼痛和社交痛苦，所以某些减轻生理疼痛的方法在缓解社交痛苦上也同样适用。当人们在服用扑热息痛（泰勒诺）几周

后，他们表示，每天的社交痛苦减少了，而且他们大脑的疼痛矩阵对于社交拒绝也更加不敏感了。每日服用泰勒诺会减少和社交拒绝相伴随的受伤感，而这很有可能是因为泰勒诺降低了负责疼痛的神经回路的灵敏度。[13]

社会排斥是生活的正常组成部分。曾几何时，我们都经历过对工作的厌恶、被同伴拒绝，或者被朋友冷落。虽然这些情况都会让我们感觉不快，尽管社交拒绝看起来和人身伤害很不同。但是，这些体验在大脑中都有一个相同的生物基质。我们需要被照顾，进化似乎潜移默化地提供了这样一种解决方案：让我们感受到对于社会联系的需求，以及在这些联系被切断时的悲痛感。失去我们所爱的人确实会让人感到痛苦。

理解心理和生理之间的关联同样也会让我们掌握与他人互动的方法——特别是当我们需要他人做出优异表现时。在工作中，如果某位员工因项目失败或因缺少联合领导能力而被教训的话，他的疼痛矩阵就会产生巨大的神经反应，这些反应会造成工作效率下降以及未来更糟的工作表现。一旦我们的社交警报系统被激活，我们就没有足够的脑力来有效地思考眼下的工作。与之相反的是，培养团队关系，会让队员们感觉彼此连接更紧密，从而激发更好的工作表现。当我们和他人感觉更亲近时，我们就会工作得更好。团队建设练习会鼓励在一起工作的人在生理上更依靠彼此，也许这么做才能让人们在精神上互通。在经典的信任练习中，你背向一群人站好，然后向后倒下，你期待迎接你的应该是保护和支撑你的手臂。我们不能把精神和身体分开放到两个完全不相干的盒子中。一旦你理解了这点，可能就会更加努力避免情绪上的抑郁，就像你会积极预防可能发生在你自己和你周围人身上的身体伤害一样。[14]

距离很重要

在亨利·哈洛灵长动物实验室的后续试验中，简和其他猕猴宝宝被从笼子中移到了另一个房间，这间屋子中散落着不熟悉的玩具，并且这些玩具会震动并发出奇怪的声音，而在这些玩具中那只敲鼓的机械泰迪熊可能是最令人不安的了。简来到了新的环境很害怕，开始寻找温暖且柔软的衣物代理母亲。就像任何处于陌生而奇怪的环境中的小孩一样，简直接跑向了妈妈然后抓住妈妈，直到它感到有足够的勇气之后，才敢去探索周遭环境，为了确定妈妈还在原来的地方，她经常都要回去找妈妈。对于其他的一些小猴来说，原先的母亲只是冰冷的金属丝代理母亲。这些小猴的表现非常不一样，它们在房间中随意走动，就像是在寻找自己真正的妈妈一样。虽然金属丝妈妈有牛奶，小猴子们也没有抓着"她们"不放。

不单单只有温暖是和看护者进行社交接触的固有组成部分，亲近也很重要。婴儿之所以必须留在父母目之所及的距离之内，就是因为父母可以保护孩子不受掠夺者和敌人的伤害。身体上的亲近等于连接和安全。令人震惊的是，就算金属丝母亲有食物，哈洛实验室中的猴宝宝似乎也并不喜欢待在金属丝母亲的周围。这种现象是否有可能是因为情感距离和身体距离在很大程度上可以互换造成的？如果猴宝宝没有和自己的金属丝母亲进行更为亲近的交流，它们可能在身体上也没有产生和代理母亲更亲近的需求。

能够证明身体距离和情感距离之间有紧密联系的最著名研究是耶鲁大学的心理学家斯坦利·米尔格拉姆（Stanley Milgram）在20世纪60年代的实验。为了研究人们如何能够容忍诸如大屠杀这样的暴行，米尔格拉姆想要知道志愿者能在多大程度上听从权威人物的指挥。他发现，就算遵从权威会违背大多数人的良心——比如给一个完全陌生的人实施电击，志愿者还是会听从命令。米尔格拉姆还发现两个人身体距离的远近，会对实施电击的可能性造成巨大的影响。身体上的亲近似乎会产生心理上的连接。

以下是米尔格拉姆实验的基本设定：凡是参与"人类记忆"实验的人都将会获得4.5美元的报酬——4美元是实验报酬，50美分是车费（在20世纪60

年代4美元是一小时工作的合理薪资,特别是当你还是穷酸的大学生时,而50美分已经高于往返的公交车费了)。当志愿者来到米尔格拉姆的实验室时,他们见到了一位严厉的实验者,他穿着一件灰色的实验服,介绍自己为威廉姆斯先生。威廉姆斯先生把参与者介绍给另一个人,那个人看起来也是志愿参与相同研究的人,但其实是雇来参与表演的演员。然后威廉姆斯先生宣布一位志愿者将扮演老师的角色,而另一位将扮演学习者。为了决定由谁来扮演哪个角色,他们都会从一个碗中抽取一张纸片。纸片被做了手脚,上面都写着"老师"。而雇来的演员会假装自己抽到的是学习者的角色。

"老师"和"学习者"被安置在由对讲机相连的不同房间,研究者给了老师一张写有词组的清单,而老师则会要求学生记住这些词组。实验者指示老师通过对讲机阅读清单中的词组,然后再从头开始重读词组中的第一个词。学习者需要说出该词组中相对应的另一个单词。学习者每说错一次,老师就要给学习者一次电击,而且每次犯错后电压相比前次都会提高。在实验开始之前,实验者电击了老师一下,所以老师知道被电击会是怎样一种状况。老师真的相信自己在对学习者实施电击。每当学习者因为回答错误而被电击时,安放在电击台上的录音机就会播放事先录制好的痛苦叫喊声。

米尔格拉姆在事前询问了一些耶鲁的学生(他们没有参与实验)和心理学家,问他们认为有多少人会真的听从实验者的指示而去电击一个陌生人。学生和心理学家都认为只有很少的人(可能是1%)会这样做,但是米尔格拉姆发现,65%的志愿者,也就是40人里面有26人会一直实施电击,而他们所施加的最后三次电击的电压竟然达到了最高的450伏。美国标准插座的最高电压为120伏,所以450伏的电压会造成很大伤害。

男人和女人给学习者施加电击的速度相同,而且无论是米尔格拉姆在耶鲁大学进行的实验,还是在一般人群中进行的样本更为广泛的实验,参与人员的服从度都惊人地相似。有一个因素确实能影响人们对陌生人实施电击的可能性，那就是两个人之间的物理距离。如果学习者能离老师更近且处于同一房间的话，老师电击学习者的可能性就会更小。身体上的邻近似乎能够传递一种精神上的亲近感，可以降低老师向学生施加痛苦的意愿。[15]

为什么身体之间的距离会改变我们对他人实施伤害的意愿？我们之所以能够理解他人、体会他人感受，一定程度上跟我们的身体和他人之间的距离有关。物理距离信息事实上是内置在人类大脑的设计中的。当我们和潜在的危险靠近时，关于我们和危险之间的距离的信息计算就从前额叶移到了更加原始且与疼痛相关的大脑中部区域。[16]当我们和某人或某物在身体上更亲近时，大脑中更加原始的情感区域就被激活了，可以推测这种变化能够帮助我们更好地理解其他人的感受。邻近的物理距离为一种强烈的情感联系创造了条件，而更远的距离则会利用存在于距离和分离之间的固有联系。

考虑到我们在虚拟世界中的交互，物理距离对心理亲近感的影响为我们上了重要的一课。如今，现场会议经常被视频会议所替代，比如向客户宣讲、在董事会中制定战略，甚至面试一份工作。虽然虚拟交互有一些优势，可以减少成本和旅行时间，但是虚拟交互也有一定的劣势。虽然并非我们所愿，但是我们的精神无法和身体分开，研究表明物理距离会激发心理疏远的感觉。简而言之，如果你想和某人看法一致，可能就需要跟他身处一室。如果你没有把物理距离产生的影响考虑进去，就去判断双方的心理距离，可能会造成因为距离远而产生的互相不信任，这样就很难和别人达成共识并信任他们，最终也很难得到一个双赢的结果。如果你作为一个求职者可以选择进行现场面试或者是网上视频面试的话，你需要知道你更有可能从前者中受益。物理距离会激活亲近或疏远的感受，而我们自己可能还不知道。

身体会塑造我们和其他人之间的连接。就像孤独一定程度上是建立在生理寒冷之上一样，社交痛苦是建立在生理疼痛系统上的，而道德上的谴责则是来自厌恶的生理本质。有句话说得很有道理："拥有洁净双手和纯洁心灵的人将会飞升到耶和华的山上。"可见，生理污物和道德败坏之间的类比是很强烈的。

清洁身体

麦克白夫人、历史上的各种信仰，以及用肥皂水清洁孩子口腔的父母，这些人或物之间有什么共同点？共同点就是都相信身体清洁和道德清洁之间存在着联系。很多受洗仪式的目的是根除心魔。在莎士比亚的悲剧中，麦克白夫人试图通过反复洗手来清洗自己的良心，摆脱杀害国王邓肯的罪。

人们确实是以清洁程度来衡量道德的。这就是为什么当我们回想起过去的不道德行为时（比如考试作弊或者对别人撒谎），我们总是有清洁自己的冲动。清洗的行为让我们感觉在心理上更洁净。而且，这种行为也是有指向性的。当研究者要求角色扮演游戏中的志愿者通过语音信箱或电子邮件发出一条卑鄙的谎言时，他们随后更倾向于使用具有清洁作用的产品来清洗从事这件肮脏勾当的身体部位。留下下流语音留言的人倾向于使用漱口水，而非洗手液；而那些发送了污秽电子邮件的人的选择则刚好相反。

如果我们把手弄脏，我们洗手；如果我们喝了酸了的牛奶，我们漱口。这种清洁的特异性是有其作用的，这种做法能让我们摆脱不好的物质，并且减少受到感染或罹患疾病的风险。这种精确性对我们的心理状态造成的影响，在极大程度上说明了道德行为规范是如何建立在清洁身体和减少疾病的规程上的。能够帮助我们免除疾病的神经回路在这种情况下又派上了用场。我们已经在进化中获得了在已有行为中增加新功能的能力。通过这种方法，我们在真实世界中的经历能驱动我们分析抽象概念（从爱到道德）的能力。

清洁行为事实上会让我们感觉更好，还会帮助我们重拾道德清洁感。在对配偶不忠之后进行淋浴对于个人精神感觉上的好处要比消灭实体证据大得多；

这样做也能帮助摆脱良心上的负罪感。人们平常在做了坏事之后处理愧疚感和负面感觉的方法就是清洁身体。有时这种行为简单到只是洗手而已。[17]

在审判耶稣的圣经故事中，耶稣被逮捕然后被带到了总督彼拉多那里，他很不想判处耶稣死刑。彼拉多在公众面前洗了手，告诉大家他不会承担处死耶稣的罪过，他要洗掉沾在手上的耶稣之血。身体能以身体的方式体现抽象概念。违反道德的行为是对你个人的玷污。为了感觉好一些，你应该清洗你的身体。如果你感觉身体是洁净的，当你看到别人做了不道德的事时，你对这些行为（从堕胎到吸毒）的道德评判将会更加严厉。

多夫·科恩（Dov Cohen）是伊利诺伊大学的一位心理学家，他在过去的几十年中一直在研究身体和道德之间的联系。[18]科恩提出的一个问题就是身体厌恶和道德厌恶之间的关联到底有多广泛。他已经找到了一些有趣的文化差异作为回答这个问题的一种途径。在不同宗教面前，道德逾矩的标准有着很大差别。

通过对比具有不同宗教背景的人如何评价特定的不道德想法和行为，科恩记录下了清洁的力量。他发现，当人们搓手（就像洗手一样）时，他们对于他人的道德评判会更加严厉。在一项实验中，研究者告诉志愿者这个练习的目的是在玩电子游戏前暖手——他们并不知道自己在做洗手的动作。虽然身体清洁和心理清洁之间的联系似乎是普遍存在的，但是不同文化对于道德败坏的评判却是不同的。

一旦我们做了坏事，清洗自己会让我们感觉更好。当我们把自己的厌恶感加入到对他人的道德评判中时，本身清洁的我们会对其他人的"肮脏"行为更加苛刻——对于某些信仰来说，也包括他人"肮脏"的想法。

精神的洁净和身体的洁净之间的融合并不仅仅局限于道德逾矩或恶迹劣行。在奥斯卡·汉默斯坦（Oscar Hammerstein）最著名的歌曲中有一句歌词

"把那个男人洗出我的发丝"，我们相信我们能够洗掉自己的罪（或者至少是我们对自身处境或关系的反感）。但是我们也相信，好的东西也是能够洗掉的，特别是好运，比如洗手和"一笔勾销"似乎就很接近。当运动员处于连胜状态时，保持整个赛季不洗臂环或袜子也不是什么新鲜事，因为他们怕物理上的清洁会赶走自己的心理优势。

还有一种常见的现象，人们在赌博时愿意赌多少和他们之前处在连败状态还是连胜状态有着很大关系。同样，人们赌博时的赌注大小也取决于他们是否刚洗过手。当赌徒不洗手时，如果他们正处于连胜阶段，相比于连败阶段，他们会赌更多的钱。在洗手的人当中，连胜或连败则不会对他们赌钱的金额造成影响。人们认为——至少在下意识层面——清洗行为会除去之前赌博连胜或连败的影响。所以当人们洗手时，过去的赌博结果就不再重要了。[19] 当你明白了大脑所理解的身体清洗和心理清洗在很大程度上可以互换时，那些各种各样看似无理取闹的仪式、行为以及决定就不再那么难以理解了。

☆　☆　☆

不仅清洁身体会提高心理幸福感，移动身体也会对我们有所帮助。在下一章中，我们将探索锻炼和敏锐思考之间的关系。大部分关于运动的书籍都会强调锻炼对于身体健康的重要性。但是所有这些书都很少关注，其实通过锻炼，人的头脑也可以变得更加敏锐。[20] 锻炼是一种增进心理健康的有效工具。

第 9 章

有氧运动铸就最强大脑
锻炼如何帮助身体和精神

一场重要考试、演讲或工作面试所带来的压力会降低我们的脑力,而恰恰在这样的时候我们需要拿出最好的表现。锻炼可以帮助我们获得我们所有的认知资源。

奔跑的头脑

无论昼夜，我的左手腕上都戴着一个 Fitbit 运动手环，甚至在洗碗和洗澡时也带着。事实上，只有在我收到电池电量过低的提醒邮件时，我才会摘掉手环。我摘得很不情愿，我宁可在睡觉时摘掉，也不想在散步时摘掉。Fitbit 是一个戴在手腕上的健康追踪器，它能记录我的步数以及我在一天中的活动时间。我的朋友梅丽莎在怀孕期间为了保证运动量带上了这个手环，之后她也说服了我。她说，我们之间可以比赛，每天步数最多的人赢。我从来都不是个逃避竞争的人，所以我马上接受了这次挑战。这么做不仅仅是为了打败我的朋友，也因为我正在芝加哥大学教授一门关于神经科学和教育的课程，刚刚阅读了很多关于锻炼能够改变大脑的最新研究报告。如果用 Fitbit 跟踪我的运动量能激励我每天走更多的路，为什么我不试一下呢？这个主意听起来不错，正好实践一下我正在教授的内容。

我是一个跑步者，我每周都会跑几次，但是在我戴上 Fitbit 之前，我一直都没有意识到在没有跑步的时候，我有很多时间都是窝在沙发里的。这个设备让我开始注意做简单且很轻微的运动，而这些运动最终有可能会积累成一天不错的运动量。当我去超市时，如果把车停在停车场的最远端，我就有机会多走一些路；在心理楼 3 楼的办公室上班时，走楼梯上楼会比乘电梯多走几步，而这些运动量就是 8000 步和我的目标 1 万步之间的差别。

Fitbit 也是一种有趣的开场白。佩戴这样的电子设备说明你是个相信运动力量的人，所以你在餐馆或火车上和一个佩戴相似设备的人搭话就会变得很简单。当然，我和其他佩戴 Fitbit 的人谈论的话题一般都是运动对于保持身体健康的重要性。很少有人会认为锻炼也会对头脑有益。但是事实上健身对生理健康和心理健康都有好处。在怠惰的身体和活跃的身体中，大脑的外观和功能都是不同的。

第9章 有氧运动铸就最强大脑：锻炼如何帮助身体和精神

锻炼刺激了新的脑细胞的产生，这个过程被称为神经发生。[1]最初记载身体活跃度和大脑之间联系的研究是通过老鼠完成的。在"充满刺激的环境"中养大的老鼠——它们有玩具、运动轮以及很多社交机会——与在标准实验室笼子中长大的兄弟姐妹相比长出了更多的新的脑细胞。科学家并不十分确定老鼠的哪些环境条件促成了新细胞的生长，所以20世纪90年代，加州大学圣迭戈分校的索尔克研究所的研究者开始着手研究这个课题。为了找到神经发生的原因，他们系统地检查了老鼠环境中的不同成分。[2]

这个实验遵循了一个简单的实验想法，而最终的实验结果也决定性地证明了锻炼对于脑功能的影响。科学家给所有小老鼠都注入了一种化学物质，这种物质可以追踪脑细胞的分裂和新细胞的生成。然后他们让一些老鼠进入"锻炼设施"——一个供它们随时使用的转轮。另一组老鼠则没有机会锻炼，它们的生活方式很慵懒。几周之后，为了弄明白两组老鼠的脑细胞是否不同、如何不同，科学家牺牲了这些啮齿动物。他们发现了令人震惊的区别：那些运动的老鼠有更多新的脑细胞，数量大概为不活动的同伴的两倍。

为了确定剧烈运动就是改变老鼠脑细胞的原因。索尔克的研究者在研究中加入了另一组老鼠。这组新老鼠学习了如何走迷宫。它们有很多运用脑力的机会，却没有像转轮子的同伴那样进行很多体育运动。令人吃惊的是，在认知方面做出的努力并没有让它们获得像跑步的老鼠那样多的脑细胞增殖。这说明了什么？虽然我们在一天工作之后经常会感觉很疲惫，就像是跑了马拉松一样，但其实这可和跑步不一样——至少对于我们的大脑来说。剧烈运动对于新的脑细胞的生长至关重要。运动的老鼠在大脑深处的海马型区域（海马体）中表现出了最多的新细胞增长。当老鼠和人需要把学习到的东西变成长期记忆时，海马体就是最主要的脑中心之一。

健康的儿童

大脑有着令人钦佩的可塑性,特别是在幼年时期。而体育运动可以提高孩子的心理功能。查尔斯·希尔曼(Charles Hillman)是伊利诺伊大学的一位教授,他毕生的大部分研究都致力于记录锻炼对儿童智能造成的影响。他的研究清晰地说明花在体育运动上的时间并不会影响学术成就;恰恰相反,健身会提高儿童在教室中的表现。

在最新的研究中,希尔曼和他的同事阿特·克雷默以及他们的研究团队搜集了一批9岁、10岁儿童的体能数据。他们设计了一系列目的在于考验儿童思考、推理和记忆能力的认知测试,在孩子完成测试之后,研究者扫描了他们的大脑,发现身体最健康的孩子在很多记忆测试中表现得也最出色。更有说服力的是,孩子的身体健康水平大致能反映他们海马体的大小。就像是跑轮子的老鼠一样,最健康的孩子的海马体也是发育最好的。[3]

为了进一步证实身体健康和头脑健康之间的联系,希尔曼和克雷默同样也做了另外一个尝试,他们想看看在经过短时间的锻炼后,孩子的大脑功能是否会直接受益。[4] 研究者要求一组孩子分别两次访问他们的实验室。在一次访问中,孩子参与了一个短暂的实验:在跑步机上以比较高的强度走20分钟。在第二次访问中,孩子安静地坐在椅子上休息了20分钟。每次访问中,在孩子休息或锻炼之后(锻炼组孩子要等到心率恢复正常后),他们都接受了一系列认知考验。在一次考验中,研究者要求孩子专注于一条出现在电脑屏幕上的关键信息,同时忽略其他跳出来的信息。这样的心理活动就像是孩子在做作业时手机显示收到一条来自朋友的信息一样。为了要成功完成作业,孩子必须专注于学习材料,同时忽略具有吸引力的干扰。考试时的情况也与之类似,考试时孩子需要专注,而不能琢磨放学后要和朋友一起去哪玩。换句话说,实验中的精神挑战模拟了孩子取得优秀学习成绩所必需的专注。

第9章 有氧运动铸就最强大脑:锻炼如何帮助身体和精神

孩子在锻炼之后,不仅在认知测试中的表现优于休息组的孩子,他们的大脑在锻炼之后也运转得更流畅了。由前额叶和顶叶脑区发出的神经活动被公认能够反映出对注意力的控制(对于学习来说至关重要),该神经活动在孩子进行了锻炼之后(相对于静止)会得到提高。

在人类进化的很长一段时间内,我们的祖先都是作为搜寻者-采集者来生活的。为了生存,他们翻山越岭来进行捕猎并收集坚果和浆果。这就意味着我们的头脑和身体是在这种运动的生活方式中进化的。身体活动似乎植根在我们的基因中。[5] 但是在今天的世界中,无论小孩、成人还是老人从事的运动都远远低于基因中内置的设定值。这种静止的生活方式的后果会反映在身体和精神的健康问题上。身体更健康的孩子在学习测试中也表现得更出色。

运动的老人罹患疾病的风险更低,失忆发生率更低,同时丧失重要认知功能的可能性也更低。让孩子拥有更多锻炼的机会、变得更活跃,会在增强身体肌肉的同时改善头脑。对于成人来说,常规锻炼养生法可以帮助预防智力下降。

随着考试在学术文化中变得越来越重要,学校预算紧缩,休息、体育课以及身体活动的时间都被尽量压缩,教育者错以为让孩子花更多的时间在教室里(而非操场上)才能更好地(也更廉价)提高考试分数。但是脑科学的新发现却告诉我们,如果想要让孩子拥有最健康、最专注,同时思考能力也最强的大脑,就需要在课程表上最多加一节体育课。同时我们也需要保证孩子在校外也能获得足够的锻炼机会,因为课外没有任何体育活动的情况也是很常见的。了解了身体健康对头脑健康造成的巨大影响,我们也获得了一条明确的指示:让孩子动起来。

成年人

虽然我们对健康和年轻人脑功能之间的联系了解得还没有那么多，但是在青春期之后，体育活动也是通往健康大脑的钥匙。我们的认知功能在十八九岁到三十几岁之间达到顶峰。当然，即使在心智能力最强的时候，我们的表现也未必是最好的。我们都有过这样的经历，一场重要考试、演讲或工作面试所带来的压力会降低我们的脑力，而恰恰在这样的时候我们需要拿出最好的表现。锻炼可以帮助我们获得我们所有的认知资源。

一次次的短暂锻炼具体来说会加强脑区网络的功能，脑区包括前额皮质、顶叶皮质以及海马体（支持思考、推理以及工作记忆的大脑区域）。你可以把工作记忆看成某种精神便笺本，它让你可以利用意识中的任意信息。工作记忆会让你专注于和当下任务相关的信息，并且过滤掉无关信息。工作记忆是智商（IQ）的重要组成部分之一。[6]

关于工作记忆有一条重要的细节：工作记忆的容量是有限的。我们负责这部分功能的大脑可用资源只有那么多。当处于各种充满压力的情况时——考试、游说客户，或者面试工作——我们拥有的资源就更少了。压力会让我们的工作记忆流失，但是锻炼却会让支持工作记忆的脑区发动起来，所以锻炼会提高思考能力、改善情绪、缓解压力。这种来自锻炼的帮助对于那些一开始工作记忆容量就比较小的人尤其明显。

有些人天生就能比其他人驾驭更多的脑力和工作记忆。让工作记忆容量不大的人拿出更好表现的方法之一，就是进行短时间的锻炼。当本·西布利（Ben Sibley）和我几年前还在俄亥俄大学位于迈阿密的学院时，我们俩就发现了锻炼对于那些工作记忆容量比较小的人的好处。本发现了短时间运动会对人的注意力造成即时而正面的影响。因为专注于某些信息而排除无关信息的能力对于工作记忆来说至关重要，我们猜测锻炼带来的好处可能对于那些专注能力一开始就比较差的人来说会更加显著。[7]

我们最开始邀请了50位大学生到本的实验室，该实验室位于校园内运动机能楼的地下室。我们首先要求他们进行一些测试来衡量他们的工作记忆。测量工作记忆的一个要点在于，人们在脑中记住的信息并不重要，重要的是衡量他们在分心时，专注于某些信息的能力。在一项"操作广度任务"[8]中，研究者要求参与者出声地解决一个出现在电脑上的数学问题，而且问题后面还跟着一个单词：

Is（10÷2）－3＝2? 海
Is（10÷10）－1＝2? 班
Is（5×2）－2＝8? 颜料
Is（4×1）－1＝3? 云
Is（6÷3）＋3＝5? 管

在大声朗读并解决了数学问题之后，学生被告知要大声读出单词并记住该单词。然后数学问题和单词都从屏幕上消失了。确定数学问题解答得是否正确并不是这个任务的主要目的，我们想知道的是他们是否记住了最后的单词。在解答完一些数学-单词对之后（通常3个到5个），我们要求学生按照词语出现的顺序依次回忆单词。虽然学生知道他们需要回忆单词，但是他们并不知道回忆任务何时会出现，所以他们需要在做数学题的时候仍然记着单词。工作记忆的真正含义是在从事其他活动时在记忆中保存信息。

在测量了工作记忆之后，我们要求每个人在实验室的跑步机上跑30分钟。跑步速度是自己调节的，但是我们要求每个人尽量以个人运动极限的60%到80%来锻炼。在此之后，我们马上要求他们参与更多的工作记忆任务，但是我们把数学问题和词语都换成了新的，这样他们就不能利用第一轮测试中的已有记忆来完成第二轮测试。

我们发现那些一开始拥有更少工作记忆的人在这次短暂但适中的运动中受益最多。这个发现很令人兴奋，因为成年人的工作记忆容量不仅各不相同，而且还会随着生命阶段的不同发生改变。小孩拥有的工作记忆容量更小，因为前额皮质（支持我们集中注意力的能力）这样的脑区仍然在发育。工作记忆容量在老年人中也有减小的倾向。这意味着面向更小或更老的人的锻炼计划会特别有益，这样的锻炼计划会激发正在发育或正在衰退的工作记忆。

运动起来、出出汗甚至还能帮助你更好地沟通。在MIT的斯隆管理学院最近的一项研究中，研究者发现人们在跑步机上快速行走、心率加快后，他们能在买二手车时讲到更好的价格，或者在新工作中赢得更好的薪酬待遇。[9]但是这里也有个条件。只有在人们进入谈判之前就已经对自己的说服力感到自信时，锻炼才能起到促进作用。对于那些一开始就有些慌张的人来说，用锻炼来提高心率只会导致更糟糕的表现（都是从人们对于谈判的感受和他们的客观表现来说）。我们的表现和我们对自己身体反应的解读有着密切关系。自信的谈判者把自己的心跳当成勇往直前的标志，但是那些惧怕谈判的人则会把自己的心理状态看作失败的标志，所以他们的表现特别糟糕。我们会把自己加速的心跳和出汗的手掌看作兴奋的标志还是焦虑的标志，取决于我们是要抓紧机会还是被压力憋到窒息。

幸运的是，我们可以学习从更积极的角度来看待这些症状。心理学家杰里米·贾米森（Jeremy Jamieson）和他罗切斯特大学的同事在几年中一直在探索一种方法，这种方法能让人在潜在的紧张场合重新评估自己的高心率和其他生理反应，从而获得更好的表现，这类场合包括考试、公众演讲以及焦虑的社交场合。比如，贾米森和他的同事已经证明，让学生把心跳加速或掌心出汗看作能量的源泉会让他们在考试中取得更好的成绩。最令人震惊的是，当学生掌握了重新看待生理信号的方法后，他们对于潜在紧张情况的看法发生了改变。如果他们一开始就很紧张，他们仍然会认为这样的场景很吃力，但是他们相信，比起那些没有获得思维转换窍门的人，他们处理这类问题的能力会更强。[10]

当然，在利用锻炼来促进思考、推理和谈判能力的过程中，适度是最关键的。一些体育运动会提高工作记忆——特别是对于那些一开始能力就比较欠缺的人来说，而且可能会让你具备更强的达成有利交易的能力，但是在思维挑战前做一个小时以上的激烈体育运动却未必会让人有所收获。长时间的锻炼会导致脱水，而这可能会剥夺大脑进入最佳运行状态所必需的重要养料。但是锻炼却能让忙碌状态下的你提高思考能力和表现，特别是在应对压力时。当MIT的一位参与跑步机课题的研究者被当面问及，在谈判之前锻炼是否有益时，他警告说："我不建议跑马拉松。"[11]

长期健身同时也和提高年轻人的思考和推理能力有关。最近的一项研究跟踪了超过一百万个瑞士军队中的18岁男子，更好的身体素质通常不仅代表了更高的智商，也代表了更多工作上的成就。军人越强健，智商就越高，同时与他的同伴相比，他的职业生涯更有可能获得成功。[12] 健康的身体和更好的额叶与顶叶脑区功能相关，这些功能支持我们的工作记忆以及专注力，[13] 所以我们很容易就能看出身体健康对于精神健康的重要意义。身体健康让你可以在需要时利用更多的脑力。

身体强健的作用不仅仅是给你更多的大脑计算能力。锻炼同样可以提高创造性智慧，这种能力正是苹果和谷歌这样的公司所标榜的。[14] 这些公司对健身的关注绝非巧合，它们内部通常都配有室内健身房和教练，而它们又都以创新型产品著称，比如iPhone和Gmail。锻炼会帮助大脑从新的角度看待事物。工作上的成功并不总是意味着埋头苦干和处理大量的数据、文件以及问题。有时候工作的重点应该是知道何时退后一步，或者从不同角度观察问题、发现一个未经发现的市场，或者用一种独特的方式改进一种老工具。

短时间的有氧运动可以帮助一种名为多巴胺的生理递质在脑中传播。多巴胺在脑功能的很多方面都有重要作用，比如对动作的控制、灵敏度、满足感以及专注力。随着年龄的增长，多巴胺通常会缓慢降低，但是对于锻炼的动物来说，这种下降会显著减缓，哪怕动物是在晚年才开始锻炼也是如此。多巴胺对于创造力和多角度思考能力来说也很重要。锻炼计划会延缓多巴胺的自然下降。[15]

另外还有一个让人穿起运动鞋、在午饭时间出门走走或跑步的理由：强健的身体会让我们对于周遭世界的看法更加积极。和身体健康的人相比，那些身体状况不佳的人看到山时会觉得更加陡峭。比起同年龄的健康人群，遭受慢性疼痛的人在走路时感觉他们看到的物体更加遥远。灵活度降低的老年人在判断走廊的长度时总是比那些强健的大学生估算得要长。[16] 如果不健康会让人把距离拉长，让山更陡峭，那么这种判断可能会让你更加不愿意运动。一个恶性循环诞生了，不健康的身体会影响头脑，让你更难动起来。

晚年

在健身大师理查德·西蒙斯⊖（Richard Simmons）和鲍勃·格林⊖（Bob Greene）之前，正是杰克·拉兰内（Jack LaLanne）如日中天的时期，他被称为现代健身运动之父。早在少年时期，他就发现了营养和锻炼的力量，这个发现让他在苦难的童年中找到了生活的方向和意义。1936年，在加利福尼亚州的奥克兰市，拉兰内开办了可能是全世界第一家健康俱乐部，俱乐部里设有健

⊖ 理查德·西蒙斯(Richard Simmons)是美国著名的减肥教练以及获得艾美奖的电视明星。——译者注

⊖ 鲍勃·格林(Bob Greene)是"Go Active!"健身活动的主角，他还是著名电访谈节目主持人奥普拉·温弗莉(Oprah Winfrey)的前健身教练。——译者注

第 9 章 有氧运动铸就最强大脑：锻炼如何帮助身体和精神

身房、果汁吧，以及健康食品商店（后来他把连锁店卖给了百利集团）。在 20 世纪 50 年代，《杰克·拉兰内秀》首先在加利福尼亚州北部播出，随后在全美范围内播出。今天，ESPN 经典频道仍然在播放这个节目。拉兰内赞颂锻炼和优质营养的好处，而当时没有任何人——甚至是医学专业的人——重视身体对于人们感受、思想以及行为的影响。拉兰内本人就是锻炼能够影响身体健康的鲜活例证，他拥有难以置信的强健体格，二头肌凸起，喜欢做鬼脸，他还具有过人的聪明才智。正如他的一句名言："我不能死。这会毁了我的形象。"

2011 年，拉兰内最终还是离开了这个世界，享年 96 岁。但是即使在他生命的最后几年，他仍然坚持锻炼，在他位于加利福尼亚中海岸的家中他每天锻炼两个小时，包括游泳和举重。在他 60 多岁的时候，他在旧金山从恶魔岛⊖游到了渔人码头，还拖着一艘重达 1000 磅的船，一路上艰险不断。在他 70 岁的时候，他在水中表演了另一出好戏，这次他在长滩港口游了 1.5 英里，还拖着装有 70 人的船只。拉兰内为老年人树立了一个榜样，他鼓励老年人参与锻炼，并宣告健身房并不只属于年轻人。[17]

杰克·拉兰内可能是锻炼作用的最早倡导者之一，但他并不是唯一一个相信健康对各年龄层都很重要的人。你能看到 40 多岁、50 多岁、60 多岁的人早上在慢跑小径上散步或者在林荫路上溜达，但是你也能看到运动员在 70 岁、80 岁以及 90 岁时仍然健步如飞。老将运动计划在美国各地都可以找到。你至少需要达到 35 岁才能参加老将竞赛，但是最令人兴奋的是参赛者很多都是年龄更高的人。据估计，全世界有 5 万人把自己称为老将田径运动员。

比如奥尔加·库特尔库（Olga Kotelko）就是一位来自加拿大的 90 岁田径运动员，她经常刷新世界纪录。确实没有很多女性会参加她所在年龄组的比

⊖ 恶魔（Alcatraz）是美国旧金山的头号景点，曾是联邦监狱所在地，也是一个野生动物的庇护所。——译者注

赛，但是无法否认库特尔库就是跑道上的王者。在 2009 年澳大利亚悉尼举行的世界老将运动会⊖上，她 23.95 秒的百米成绩和比她年轻两个年龄组的决赛选手相同。

85 岁以上的人群是世界上人口增速最大的群体，很多研究者都把注意力转到了如何改善老人健康和延长老人寿命上。大部分面向这些对象的研究关注的仅仅是他们吃的食物和他们进行的社交生活。但是在库特尔库的例子中，科学家真正关心的应该是长期锻炼对于身体和头脑造成的影响。

库特尔库和拉兰内不同，拉兰内在少年时期就意识到了健身的作用，而库特尔库直到快 80 岁时才开始参加老将田径。[18] 她在萨斯喀彻温省的一座农场上长大，一直是个活跃的孩子，但是她做的只是喂鸡、给牛挤奶，而不是体育运动。有组织的体育运动那时并不多见，而为数不多的几种运动却不对女孩开放。当她作为老师的职业生涯结束之后，她参加了慢速垒球运动，在她 70 多岁时，她的垒球生涯结束了，一位朋友建议她说，她可能会喜欢田径，因为这会让她有点儿事做，同时也能让她有机会遇到其他退休的人。她找到一位教练，然后剩下的故事就成了真正的传奇，每次有库特尔库参加的田径比赛，她一定会破世界纪录。

库特尔库的例子让我们看到，锻炼可以延长寿命、增进健康。科学家们从她的肌肉纤维上提取了样本，发现从细胞健康的角度上说，锻炼似乎让时间倒流了。通常线粒体（为细胞和肌肉产生能量的细胞结构）在老年人身上会发生衰退，但是在库特尔库身上却并不明显。科学家很想知道为什么她的身体没有老化得很快。他们另外还感兴趣如何锻炼才能延长心智健康。最新研究令人震惊地证明锻炼确实能在晚年对认知功能构成积极影响。健康的老人和久坐不动

⊖ 国际老将运动协会和国际老将田径协会是目前世界上最大的两个老将运动组织。国际老将运动协会于 1985 年创立于加拿大的多伦多，同时第一届世界老将运动会 (World Masters Games) 也在同一城市举行。——译者注

的老人在脑健康水平上有着显而易见的差别，这些差别不仅反映在记忆上，也反映在思考和推理能力上。

几年前，科学家从20几个研究中取得了平均结果，这些研究随机选择了55岁以上的成年人参与锻炼训练项目或者加入控制组（不进行锻炼）。虽然人们参与的锻炼项目各不相同，但是在记录结果的时候，出现了一种明显的模式：锻炼组的心血管系统和大脑更健康。锻炼也很明显地改善了工作记忆。接受锻炼疗程的年长者在需要全神贯注或思维敏捷的任务中的表现明显提高了。[19]

卡尔·科特曼（Carl Cotman）是加州大学欧文分校脑老化和智力衰退研究所的主管，他和他的同事想要了解锻炼如何提高脑力。科特曼认同的生物机制可能恰恰是锻炼对大脑健康构成正面影响的根源，而这种机制是一种脑源性神经营养因子（BDNF）。BDNF和相关的增长因子有时会被称为"大脑肥料"，因为这些因子帮助已有神经元存活，同时支持新神经元增长。老鼠在轮子上跑步之后，海马体中的BDNF水平提高了，对于学习和记忆来说，海马体是最重要的脑区之一。这些老鼠不仅BDNF水平增高了，而且它们的BDNF越多，在不同类型的认知考验中表现得就越好。与之相似的是，人在短时间锻炼之后，BDNF也会增加。[20]

有趣的是，如果BDNF的第66位氨基酸残基由缬氨酸（VAL）突变为蛋氨酸（Met）等位基因，通常会伴有健康成年人BDNF分泌减少以及工作记忆变差。锻炼对于提高Met携带者的工作记忆来说特别有效。高水平的体育活动似乎可以抵消Met版本的基因对认知能力造成的有害影响。[21]

通过锻炼提高的BDNF水平可能会对患有痴呆症（如阿尔茨海默病）的人构成积极作用，阿尔茨海默病是65岁以上的人最有可能罹患的痴呆症。因为阿尔茨海默病的特征是脑区内（比如海马体）的神经元减少，也因为锻炼能够支持这部分大脑中的神经元，所以锻炼可以帮助减缓这种疾病的发展。[22]那些参加了长达12周的中度锻炼计划的阿尔茨海默病患者，确实表现出了记忆和脑功能方面的进步。比起完成锻炼计划之前，锻炼之后他们的大脑在从事同样的记忆任务时工作得更有效率了。[23]

锻炼甚至可能还是一种有效的预防措施，就像疫苗一样能预防阿尔茨海默病的发生。虽然激烈的有氧运动特别有效，但是你不用非得跑上几英里也能让大脑保持健康；洗盘子、搞卫生、园艺，甚至做饭都能降低阿尔茨海默病的发生率。运动方面活跃的老年人比他们不常运动的同龄人罹患痴呆症的可能性更小。[24]

有氧锻炼似乎是提高脑健康的关键。在我们精力充沛地游泳、奔跑、骑车、快走甚至做家务时，血流量就会增加，而这点对于促进大脑中的BDNF来说至关重要。有氧锻炼是思维迅捷所需的代谢性养料的催化剂。诸如力量训练和拉伸这样的活动无法以同样的方式产生增长因子。[25]只要锻炼足够有氧，实际上就能改变大脑结构。通常我们大脑的体积会随着年龄增长而减小，而更小的大脑就意味着更弱的思考能力、推理能力以及几乎所有做事的能力。但是锻炼会减慢这种缩小。最近神经系统科学家发现老年人每周三次在跑道上走上40分钟，一年后他们的海马体大小增加了2%。而那些参与拉伸运动的老人却表现出了和年龄相符的海马体萎缩，大概每年1.5%。甚至在晚年，锻炼也可以保护和改善大脑的结构。[26]

且不论由锻炼增加所创造出的具体细胞和分子级联，运动和认知之间确实存在着清晰的联系。古罗马人说，Mens sana in corpore sano，这句话大致可以翻译为"有健全的身体才有健全的精神"，表明在几千年前就有人认识到了头脑和身体之间的联系。锻炼可以帮助大脑形成新的联结，并加强已有的联结；锻炼的老年人的大脑更年轻；身体最健壮的小孩在重要的考试中成绩最高；经常锻炼的人忧愁更少，与他们不爱运动的同龄人相比也更不容易抑郁。虽然我们越来越依靠让我们久坐不动的科技，但是运动的力量是显而易见的。获得更健康大脑的关键就在于身体的行动。

有趣的是，并不只有锻炼会改变脑结构和脑功能。久坐不动同样可以改变大脑的组成——虽然并不一定是朝着好的方向。对于老鼠来说，体能活动不足通常都和脑区的改变相关，这部分脑区对于管理心血管系统来说至关重要，所以不爱运动的老鼠很有可能会罹患高血压和心血管疾病（人也一样）。做一个活跃的人会对你的大脑构成积极影响，而总是不活动会对你的大脑造成不良的影响。[27]

你的活动不仅会影响大脑功能，还提供了一个了解头脑运行方式的机会。我们先说说走路。医生过去认为走路缓慢只是衰老过程的正常组成部分。他们错了。事实证明走路缓慢或不稳也是潜在认知损伤的标志。很多控制复杂认知活动的脑回路同样也帮助我们协调复杂的身体动作，比如穿过走廊。利用走路来评估认知不同于通常评定老年人大脑健康水平的方法，传统方法测量的只是坐着时的指标。很多研究大脑老化的神经系统科学家坚信：老年人找医生查眼睛和血压时，也该把走路检查一下。甚至走路变缓或不稳的微小信号都可能告诉医生大脑的一些重要情况。[28]

☆　☆　☆

不管你的晚年人生目标是不是像奥尔加·库尔特库那样称霸赛道，拥有一个强健的身体对于头脑来说都是有益的，而且对于钱包来说也是有益的。最新的估算表明，随着年龄增长而增加体育活动会减少就医、疗养以及家庭护理方面的花费，这部分减少的费用每年可以达到成百上千亿美元。[29]保持老年人的身体健康也意味着使他们的头脑更敏锐，鼓励系统化的锻炼疗法可能是让老年人保持独立生活能力的最好方法之一。这样做的结果是减少家庭、医疗系统以及纳税人的负担。在美国，似乎对头脑健康的重视要高于对身体健康的重视，所以比起那些承诺能给你完美身材的健身活动，也许那些强调锻炼有益于脑力的活动才是更加有效的。当然，如果锻炼疗法是医疗保险的强制部分的话——或者至少对参与者提供大额费用减免，那么国家节省下来的钱会和奥尔加·库特尔库的百米冲刺一样令人惊叹不已。

第 10 章

冥想5分钟，专注一整天
以身体为中心来冷静大脑

阿尔·戈尔和希拉里·克林顿这两位政治家一直都要在压力下保持良好的表现，他们都证实了冥想在帮助他们厘清头绪时的力量。他们利用冥想练习来管理自己涣散的精神，并同公众生活带来的压力做斗争。

脖子以下的冥想

虽然我做瑜伽和学习冥想已经有大半年了，但是我仍然在努力掌握"喉呼吸"或眼镜蛇呼吸法。这种呼吸方式的目的在于从鼻子往深喉部位呼气和吸气，让横膈膜[1]来完成所有工作，控制呼吸的速度和深度。如果方法正确，喉呼吸会发出某种有规律的嗖嗖声，这种声音会让人想起大海或风的声音。我的喉呼吸听起来还什么都不像。

曾经有很多老师试图向我解释眼镜蛇呼吸是怎么回事，现在我又一次听到了这样的解释。我盘腿坐在一间简单的木屋中，这间屋子位于波多黎各苍翠茂盛的丛林里，我不禁注意到我的周遭环境对于掌握喉呼吸来说十分有益，而且这样的环境也能帮我获得与喉呼吸相随而来的冷静心绪。但是，我开始换气过度。我的心思七零八落，我先是琢磨冥想课之后要去吃什么午餐，然后又开始担忧我在芝加哥留下的未完成的工作。

前一天晚上，我和我的朋友来到了卡萨格兰德山庄。这座山庄坐落在一个古老的咖啡种植园中，矗立在山坡的柱桩支撑着几间卧室和一间冥想工作室。世界各地的人来到此地，就是为了听享誉全球的冥想老师授课，这些老师中也包括我的冥想老师杰克，他现在正在教我呼吸的方法。在快60岁的时候，他因为倡导身体健康对头脑健康的影响而声名鹊起，杰克把身体看作改变思想的工具。他相信拥有强健的身体可以确确实实地提高专注的能力、管理情绪，甚至提高记忆力。冥想练习可以磨炼身体和头脑之间的联系。

当然，杰克并不是唯一关注身体的人。为了提高健康的幸福感，东方文化一直以来不仅重视精神，也同样重视身体的价值。哲学家、艺术家以及剧作家也经常追捧大脑和身体其他部位之间的联系。诗人奥维德说过："精神要是不

---

[1] 位于肺和胃之间的肌肉，呼吸时起作用。——译者注

自在，身体也不会好受。"反过来也成立：当你无法遏制你的身体时，你的精神也可能会失去控制。

☆ ☆ ☆

大多数时候，我们思考的是什么没有发生。我们回顾以前的事件或者预期未来可能发生的事件。确实，这类"心不在焉"被认为是我们大脑的默认运行状态。虽然思考没有发生的事可以让我们从过去的经验中学习，并且对未来进行有目的的思考，但是这种对当下注意的缺乏却会伴有情感成本。简单来说，涣散的精神并不快乐。人们反映当他们心不在焉时，没有聚焦于当下时感觉快乐。[1]

事实证明，有办法能让我们降低精神的涣散程度：冥想。据有经验的冥想者反映，他们在冥想练习时思维涣散的时间少于冥想经验不多的人，甚至仅仅要求冥想者什么也不要想时，他们的大脑也能更好地帮他们专注于当下。冥想会教我们如何控制自己的身体。正念冥想就是这种聚焦于身体的练习方式的最佳例证。

正念在多种冥想中都有着中心作用，正念通常包括两个主要部分：关注你的直接体验，并接受这种体验。[2]严格地说，这些体验并不只存在于精神中，也融合在身体中。我们来看一看两类正念冥想的指南，分别是凝神和无选择的觉知：

凝神："当你感觉身体中的呼吸达到最强时，请专注于呼吸的身体感受。跟随自然而然的呼吸运动，不要试图做任何改变。专注于此。如果你发现你的注意力已经转移到别处，轻柔但坚定地把意识拉回到呼吸的身体感受上。"

无选择的觉知："请注意进入你意识中的任何信号，无论是一个想法、一种情绪，还是身体感觉。跟随这个信号，直到其他感觉进入你的意识，不要抓着不放或者以任何方式做出改变。当其他事物进入意识时，专注于此直到下一个事物出现。"

如你所见，这些技巧不仅聚焦于精神，也涉及身体。总体思想在于，通过身体训练和精神训练的结合，你改变了你的生理状态和精神状态。一些研究表明，这种方法是奏效的。在一项研究中，一组来自耶鲁大学、哥伦比亚大学以及俄勒冈大学的神经系统科学家要求几位有经验的冥想者和一组冥想新手进行几种不同的正念冥想，同时研究者用功能磁共振成像扫描他们的大脑。对于有经验的冥想者来说，本应在思想游荡时活跃的脑区比较安静——无论他们是否处于冥想状态。这点很有趣，因为冥想者的大脑在他们什么都不做时看起来就很不一样。冥想会改变大脑每时每刻的生理运行方式。

在休息时，冥想者大脑中与精神涣散有关的皮质和负责自我控制的脑区之间表现出了更激烈的交流，具体说来后者就是帮助我们记住有意义信息、排除干扰信息的大脑网络，以及诸如前扣带回皮质和前额皮质这样的环绕区域。冥想者的大脑似乎在心不在焉的状态即将取代冥想状态时会自动发出警告信号，从而对开小差的思想进行抑制。冥想已经改变了冥想者的大脑，所以即使他们什么也不做，他们的体验也会模拟一种冥想状态——一种更加专注于当下的心理状态。这些练习的一个要素就是学习如何认识到正在发生什么，不仅在头脑中，也在身体中，这些练习会训练你控制自己涣散的精神。

当然，也有可能神经系统科学家研究的冥想专家并没有通过冥想学会抑制自己涣散的思想。也许，这些人之所以最开始对冥想感兴趣就是因为他们从出生开始思想的涣散程度就比你我都要低。但是很多最近的研究表明，冥想的力量——特别是包含身体的冥想练习——确有其事。冥想可以帮助改变我们的思想。比如，正念冥想可以帮助缓解焦虑和慢性疼痛，甚至减少强迫性精神障碍的症状。正念帮助我们建立对于当下的强化意识。通过无偏见地关注你的身体和思想，你可以学习像看待即将逝去的事一样对待你的感受，这样做限制了你对这些感受的重视程度。当你逃脱了忧虑的循环后，慢性焦虑和抑郁就减少了，而你也降低了发生情感抑郁的概率。

正念改变大脑的方式就是带领我们远离——自己。我们都有一定程度上正念的能力。训练这种能力对于一部分脑区来说有消声效果，与这部分脑区相关的情绪包括我们对于自身的警觉，以及当我们专注于过去的事件时容易产生的负面情绪反应，或者当我们纠结于未来的各种"如果"时的不良情绪。通过把思想和感觉都看作可以和我们自身相分离的短暂心理事件，我们就不太可能会担忧，正面的健康效果就会随之而来。了解了冥想的好处之后，你也就不会奇怪为什么这种技巧会在瑜伽工作室和SPA之外的地方也广为传播。这种方式的拥趸包括政治家、名人以及运动员，同时也包括关心健康的外行。当菲尔·杰克逊率领迈克尔·乔丹和芝加哥公牛队数次夺得总冠军时，他因为倡导把冥想作为提高球员表现的方式而声名大噪。

从《财富》500强企业的领导人到政治家，成功人士也在强调冥想练习为他们的日常工作带来的好处。威斯康星大学的神经系统科学家理查德·戴维森（Richard Davidson）在将近20年的时间里持续练习冥想，在最近几年他开始研究正念对于成人和儿童的影响，比如他正在教授五年级以上的学生专注于头脑和身体的冥想。[3]

持久的改变

几年前，研究者开始记录几个月的杂耍练习对大脑造成的改变。没错，就是协调多个在空中飞舞的物体不会坠落的技巧，掌握这种能力会在生理上改变你的大脑。他们发现，当人们每周花几个小时的时间学习杂耍之后，他们负责跟踪运动的皮质区出现了改变。这些脑区的神经元密度增加了，总的来说，这些神经元会促进脑细胞之间的沟通信号。虽然这些负责理解运动的脑区当初随着练习变得越来越丰富，但是当人们停止高强度的杂耍练习之后，这部分脑区又再次变得单薄了。[4]

与之相对的是，冥想对于大脑的效果却是持久的。加州大学的研究者戴维斯在神经系统科学家克利福德·萨隆（Clifford Saron）的带领下，最近开始研究冥想带来的好处的持久性，他们发现冥想的作用更像是疫苗。[5]你只需要时不时地注射一下就能获取正面的效果。萨隆和他的团队邀请了有经验的冥想者来参与在科罗拉多落基山脉的香巴拉山脉中心举行的为期三个月的住宿冥想静修。

这不是某种兼职冥想研究：参加这个项目的人每天最少进行5个小时的训练。为了确保这些人都具有一定程度的冥想经验并且知道自己在干什么，研究者在招募人员的时候非常小心。有超过一百人报名参加这次静修活动（这些人也完成了研究者为此设置的凝神测试）。志愿者的年龄从21岁到70岁不等，他们的背景也大相径庭。研究者选出30人参加第一次静修，另有30人参与了第一次活动之后的第二次静修。这样设计研究是很明智的，因为萨隆和他的团队可以对比第一组人和第二组人（也就是那些还没参与项目的人）的大脑。顺便说一下，第二组人特意飞到科罗拉多和第一组人一起参加了凝神测试环节，这么做是为了确保每个人参与测试的条件都完全相同。

B. 艾伦·华莱士（B. Alan Wallace）是一位冥想老师和一位佛教学者，他全程指导了志愿者的冥想练习。人们学习把自己的注意力集中在身体的某一个方面，比如呼吸，然后学会察觉注意力什么时候开始溜号，然后再把注意力找回来。在静修的三个时间点——一次在开始，一次在中间，一次接近尾声——每个人都要参与一系列的测试，目的在于测量注意力集中度和警觉度。他们在

第 10 章 冥想 5 分钟，专注一整天：以身体为中心来冷静大脑

屏幕上观看一列线移动，当他们看到有一条线稍稍比其他线短的时候，就通过点击鼠标发出信号。这项任务需要持续的高度专注，而且任务也很乏味。

不仅加州大学的戴维斯在报告中提到了他们的发现，佛教冥想传统的历史记载也把冥想练习描述为意在提高持久注意力的练习。所以人们在经过 3 个月的高强度冥想体验之后，能够更好地完成注意力任务也许是理所当然的。但更重要的是，这类提高在那些等待参与静修活动的人身上并没有出现。作为一个组，冥想者表现出了过人的注意力技巧。

冥想对于身体也有影响。对冥想者血样的分析表明，他们的血液中的端粒酶水平升高了，这种酶经常和健康的无病状态如影随形。人类身体中的有些细胞在一生中会持续分裂——比如，皮细胞以及消化道中的细胞。其他细胞则较少分裂。对于成功的细胞分裂来说，端粒酶至关重要，因为这种酶可以在分裂过程中促进端粒（位于染色体末端的一小段 DNA）的替换。当细胞分裂时，染色体的末端经常丢失，一同丢失的还有其中蕴含的信息。端粒酶可以在分裂的过程中帮助保护这些末端。所以，健康的细胞在分裂之后也能保持完整，不与其他细胞融合或者重新排列，从而避免畸形或癌症。冥想可能会造成情绪改变，而这种情绪改变恰恰能帮助管理这种抗衰老酶。[6]

冥想的持久效果着实令人震惊。静修结束的 5 个月后，研究人员把笔记本电脑寄到了参与者的家中，还附上了指导他们自己完成注意力任务的指示。科学家发现静修的正面效果仍然存在。和最后一次在科罗拉多的测试相比，参与此次静修的人没有任何一位表现出了很大的退步。保持了最大成效的人就是那些在家仍然练习冥想的人，即使他们每天仅仅练习几分钟。[7]为了保持高强度冥想练习产生的专注效果，偶尔进行冥想似乎已经足够了。

冥想训练可以让很多在工作中需要依靠警惕性的专业人士受益，比如空中交通管制员、飞行员，甚至专业体育比赛中的裁判。缺少专注力以及对当下的

疏忽可能意味着忽略飞机路径、错过整个跑道，或者没注意到一次失误或犯规。想一想西北航空 188 次航班，该航班飞离其目的地超过一百多英里，而公众正在热议和该航班相关的航空政策。[8] 也许冥想训练可以保证飞行员始终专注于任务。

☆　☆　☆

回到波多黎各的卡萨格兰德山居，在我即将结束我的冥想课时，杰克说道（差不多是两个小时课程中的第十次）："注意你的身体姿势，注意你是如何坐的，你的肩膀和后背。你的精神会跟上。"杰克教授的是几种冥想传统的结合，但是他对于身体的关注让我想起了另一种相对较新的冥想练习（至少对于西方世界来说），叫作整体身心调节法（IBMT）。科学家最近已经证实这种方法对头脑有巨大的影响。从传统中医中发展而来的 IBMT 结合了身体放松、心理意象以及正念训练，由教练和辅助 CD 指导。这种方法特别强调身体和头脑的合作以及"既休息又机敏"的状态。[9] 该方法认为，成功的冥想状态是通过优化头脑和身体之间的连接实现的，而身体有能力改变头脑。在 IBMT 中，人们学会培养身体和头脑之间的高度知觉。IBMT 并不强调控制思想；你可以逐渐通过对身体姿势和放松状态的感知来调整注意力，这样不相干的想法就不太可能会占用并分散你的注意力了。

你不需要是一位有经验的冥想者，也能享受 IBMT 带来的好处。最近的一项研究表明，即使在没有冥想经验的基础上，利用这种方法进行 11 个小时的练习也能更好地改变大脑。在一个月练习 11 个小时 IBMT 的人身上，神经系统科学家观察到，连接大脑前区（如前扣带回皮质）的神经纤维束和其他脑结构之间的沟通能力变强了。ACC 所在的大脑网络对于自制力的发展很重要。[10] 在另一项研究中，仅仅跨越两周时间的 5 小时 IBMT 就让一组吸烟者减少了

60%的吸烟时间。[11]

作为一个总是缺少时间的人，我确实对这样的结果很感兴趣。但是我也很奇怪这样短短的几轮IBMT怎么会如此有效，所以我做了一些研究，并得出了一个结论，IBMT似乎和骑自行车很像。当你还是个孩子、第一次骑上自行车时，你倾向于关注动作的各个方面——如何平衡，如何握车把，你的脚、胳膊、手怎么摆。这种不停歇的警觉需要前额叶皮质（也就是负责注意力的主要位置）的大量投入。但是当你越骑越好之后，忽然之间你就不需要注意你的所有动作了。关于骑自行车或高尔夫球活动的研究确实证明，当人们的运动能力提高之后，他们的前额叶皮质参与得就越来越少了。这些活动大部分在自觉意识之外完成。在像IBMT这样的冥想练习中发生的情况也很类似。伴随着冥想体验而来的还有大脑状态的明显变化，负责有意识转移注意力的脑区参与得越来越少。[12] 几轮短暂的IBMT或许就能达到理想效果，因为人们会自动开始处理涣散的精神，甚至在非冥想状态时也是如此。

IBMT的主旨就是从高度自觉的练习开始，最终达到毫不费力的状态。强化前额叶皮质和大脑其他部分的连接会让我们的头脑进入自动驾驶状态。[13] 当练习者处于深度冥想状态时，他们会完全忘记自己和身体。前额叶进入休息状态。

无论你想打出5英尺㊀推杆入洞赢得高尔夫锦标赛，还是在重要场合成功向客户推销，还是在考试中取得好成绩，冥想都能在你倍感压力却仍然需要发挥上佳表现时，管理思绪、情感以及行为。阿尔·戈尔和希拉里·克林顿这两位政治家一直都要在压力下保持良好的表现，他们都证实了冥想在帮助他们理清头绪时的力量。他们利用冥想练习来管理自己涣散的精神，并跟公众生活带来的压力做斗争。而且这种方法也不需要成年累月的练习，甚至利用IBMT这

㊀ 1英尺约合0.3米。

样的方法进行的短时间练习都能提高你的思考能力并且减轻压力。

当人们处于压力下时，皮质醇（由肾上腺分泌的一种荷尔蒙）会增加，这种变化可能会造成与压力相关的身体变化，如更高的血压和快速爆发的能量。测量血液或唾液中的皮质醇含量可以为人在某一时刻的压力程度提供可靠的信息。当心理学家想要研究人们对于压力的反应时，他们会在测验中要求受试者大声进行口算（比如尽量快而准地用1934不停地减去47）。对于大多数人来说，这项测试会急剧增加血液或唾液中的皮质醇浓度。通过几周的整体心身调节法，这种皮质醇暴涨就会得到缓解。[14]

就算人们没有试图专注于某样事物，IBMT也会促成自我控制上的改变。当研究者观察参加完冥想训练后处于休息状态的吸烟者大脑时，他们确实发现脑区的活跃度提高了，这些脑区包括和自制力相关的前扣带回皮质。冥想训练可能会让自我控制更简单也更自发——对于那些想要戒烟的吸烟者来说，这是一剂真正的良药，他们需要这种控制自己点火冲动的能力。

像IBMT这样结合了身体训练和精神训练的冥想看起来具有真正的力量。如果5个小时到11个小时的冥想可以改变大脑并提高学习或工作中的表现，那么我们可能需要重新开始计划周末活动了。毕竟，这点儿时间比看4场橄榄球比赛或者重新粉刷卧室要少得多呢。

精通音乐的身体和头脑

在过去的半年中，我每周二都要去芝加哥河北岸学小提琴。场面其实挺好笑的。我3点半进去上课，正好会赶上一个5岁大的孩子和她的妈妈走出来。当我下课时，另外一个5岁大的孩子会和家长一起进来。似乎这些学习音乐的孩子的父母总是在猜测，我的孩子在哪里，直到他们看见我拿着小提琴盒才意识到我才是来上课的人。我从8岁开始拉小提琴，一直练到18岁。上大学之后我不再拉小提琴，开始有了其他的生活追求。现在作为一位30多岁的成年人，我又重回音乐的怀抱，努力学习指位、运弓以及站立姿势，当我还是一个孩子时这些事情我从来没有想过——我在没有任何障碍的情况下就学会了。

最初的几个月中，重新开始拉小提琴让人感觉很是灰心丧气。每节课我都急切地想要在我演奏的曲目上获得进步；我想从简单的音阶直接跨越到巴赫的小步舞曲。但是收效甚微。经常，我整节课的时间都要用来改正站立姿势或手指在琴弓上的摆放。我变得越来越没有耐心。但是我的老师詹妮向我解释说，她要先指导我的身体，然后才能教给我音乐。对于像IBMT这样的冥想技巧来说，这种以身体为中心的练习很有道理。通过训练我的身体，我就能建立起演奏协奏曲所需要的控制力和平衡力。我们很少思考伟大的表演是如何产生的，以及身体在这其中的功劳。詹妮的想法就是，如果让我的身体掌握正确的姿势，我就能更轻松地理解音乐。

让身体掌握动作也能解放前额叶皮质及其负责的工作记忆，要想更好地演奏奏鸣曲和协奏曲，这些部位和功能都是必不可少的。正像学习骑自行车一样，为了把持身体，首先你必须投入大量的工作记忆和自觉控制。假以时日，这些动作会变得越来越自动化和习惯化，于是你的脑力就可以用来处理音乐理论和乐曲演绎了。

因为认知能力会随着年龄而增长，把塑造身体作为学习小提琴的第一步对于小孩来说可能尤其有效。因为孩子的工作记忆相对于成人更少，把演奏的运动部分练习好能让他们把所有的自觉控制都用在乐曲演绎上。因为前额叶皮质直到我们成年后才能完全发育成熟，所以其他脑区，如感觉皮质和运动皮质，会对我们早年学到的东西造成很大影响。[15] 所以如果先教授音乐的运动部分，特别是在我们年轻的时候，可能会特别有益，因为主要控制运动的脑区正时刻准备着接收信息并将其存入记忆。

最伟大的小提琴家演奏出的美妙音乐会和他们的乐器产生共鸣，而他们的身体也参与其中。甚至大师级的演奏家如伊萨克·帕尔曼（Itzhak Perlman）（他在4岁时患上了小儿麻痹症，所以坐着演奏）在演奏中移动身体的方式也是流畅而平衡的。身体在音乐表达中有着重要的地位，这就是为什么教授人们如何控制身体的课程在音乐学院很受欢迎。拿亚历山大（疗）法来说，音乐老师把这种方法视作"能够重新教育学生还原有益姿势和动作的操作指南"。[16] 这种身心疗法的创始人弗雷德里克·马提亚·亚历山大（Frederick Matthias Alexander）在1869年出生于塔斯马尼亚岛。在30多岁时，他移民到了英格兰，一生中的大部分时间都是一位演员。他曾因为即将到来的演出而倍感焦虑，开始出现无法解释的喉炎症状甚至失声，他的演艺生涯差点终结。为了找到治病的方法，他拜访了数位医生，但是他们也都爱莫能助。直到有一天亚历山大在镜子里观察自己的姿势，他发现了一件奇怪的事——每当他要说出台词时，他都会收紧脖子上的肌肉，把头拉向后面，然后用嘴吸气。这种姿势对于念台词来说肯定没有好处，而且他有一种预感，这可能就是他失声的原因。通过仔细观察自己的身体动作，最终亚历山大自己成功学会了放松脖子和头部的紧绷肌肉的方法。让人惊讶的是，他的喉炎同时也消失了。见识到了重新培训身体的力量之后，亚历山大开始向学生教授他的新发现，并把这种方法命名为亚历山大疗法。

亚历山大说过："你把所有东西——无论是生理、心理还是精神上的——都转化成了肌张力。"[17] 重新训练人们把呼吸和对身体的关注融合到每日生活中可以改变人们的思考方式。

世界各地很多顶尖的音乐学院、戏剧学院以及舞蹈学院都把亚历山大疗法定为必修训练，这些教育机构相信这种方法不仅能提高音乐技巧和专业技巧，还能降低表演时的压力和焦虑。[18] 学会如何控制身体、缓解紧张和压力，对于头脑来说有着深远的影响。迈克尔·兰厄姆（Michael Langham）是纽约茱莉亚学院的主任，他曾说过："亚历山大疗法不仅让学生自己摆脱了不好的姿势习惯，还帮助他们的身体和精神获得了令人羡慕的自由度和表达能力。"[19]

亚历山大疗法的力量在音乐世界之外也得到了延伸。我们经常认为我们欠佳的姿势、背疼或者走路的方式是我们的一部分，是我们生来就有的。但是事实上我们的很多坏习惯是日复一日进行的重复活动造成的。坐在电脑前，弓在键盘上，肩膀耸向耳朵，或者一动不动。虽然人们可以频繁地在办公室走动，拷贝文件、发传真，或者喝一杯水，但是大部分这些活动都已经被摁按钮、发邮件或短信，或者一大瓶水所取代了。这种久坐不动的生活方式不仅会对我们的身体造成负面影响，还会影响我们的头脑。

很多工作场所都认识到用一把好椅子和一张合适的桌子就能缓解由于久坐造成的过度疲劳——紧绷的脖子和肩膀、酸疼的手腕，以及下背部疼痛。但是无论你的工作场所有多么高科技，如果你整天瘫坐在桌子后面，你的身体都会出现紧张和压力的信号。亚历山大疗法告诉我们，唯一避免过度疲劳的方法就是更好地了解你的身体在做什么。不要为了工作而忽略这些疼痛，而应该把这些反应当作你应该有所行动的警报。就像是亚历山大改变姿势之后就重获声音一样，你也能建立起让你的身体和精神都感觉更好的身体知觉。通过触摸和轻柔的身体指引，教授亚历山大疗法的老师们会帮你意识到你是如何完成每天的动作的，并从中剔除紧张感。坐直，轻敲键盘，放松脖子的紧绷状态——这些简单的调整会在很大程度上帮助你控制自己的整个身体和精神。教授亚历山大疗法的老师认为这样简单的调整不仅会让身体更舒服，你的心理状态也能变得更好。[20]

我把亚历山大疗法看作一种极端形式的整体心身调节法。你获得了对于身体的高度知觉，这种知觉会帮你专注于重要的事并让你感觉更好；这种知觉甚至还能帮你摆脱沮丧的情绪。了解身体是控制头脑和个人表现的关键。

亚历山大疗法可以减少背痛。[21]这种方法还被证实能够帮助帕金森病患者减少活动障碍和精神障碍，要知道抑郁这样的精神障碍困扰着将近半数的帕金森病患者。抑郁并不仅仅是患者对于患上这种疾病的一种反应。帕金森病经常和神经传导物质（如多巴胺）的变化有关。当大脑中的多巴胺水平急剧下降时，动作就会变得颤颤巍巍，同时还会产生焦虑和抑郁的感觉。[22]

几年前，一组伦敦的研究者邀请被诊断患有帕金森病的病人参与一个为期3个月的亚历山大疗法研究。[23]一位老师用手把手的方法来帮助病人学会如何控制他们日常生活中的动作和平衡。有两个对照组，其中一组没有接受任何治疗，另一组没有上亚历山大疗法课而是收到一些信息。病人随机被分配到这三个组中，在任何有效的研究中这点都很重要，但是以前一些针对亚历山大疗法的研究却没有遵循这条原则。

在研究前后，伦敦的研究者采取了综合性的方法来测量病人的基本动作技巧和心情。研究者要求人们在感觉最好和最差时，为动作（如走路、穿衣和脱衣，以及在床上翻身）完成的难易程度评分。他们还需要填写几种测量抑郁的常见量表。在研究的最后，参与了亚历山大疗法的病人报告说他们在完成日常活动时感觉更轻松了。最令人震惊的是，接受训练的人相对于对照组的病人也没那么抑郁了。

另外一些研究者注意到了动作障碍（如肌张力障碍，特征是无意识的痉挛和震颤）和抑郁之间的联系。如果无法控制身体向头脑传送信号，那么人们要想控制自己的负面想法和感觉就很难了。但是学习夺回自己身体的策略（或者至少意识到自己在用身体做什么）能够改变这一点。

既然身体上的改变（从瘫坐变成坐直）可以积极地影响你的感受，那么对身体技巧的学习——如何更好地控制身体以及如何移动和行动才能减轻痛苦并增加流畅性和平衡性——也能改变你的思考能力就说得通了。我们头脑容易进入焦躁不安、精神涣散的状态。很多人认为这种倾向也可以延伸到身体。换句话说，我们在现实中的运行方式让身体进入了紧张和焦躁的状态，但是我们仍有矫治身体的方法——通过锻炼、冥想、IBMT，乃至亚历山大疗法。[24]

☆ ☆ ☆

如果你只是把身体看作一个为了包装大脑而存在的外壳、一个没有头脑重要的存在，你就不会十分健康。如果你带有这样的思想，你就无法好好地照顾身体。事实上，头脑的健康和你的身体之间有着深远的联系。了解了这点，你就会在生活中做出对健康更有益的选择：吃什么、何时睡觉，以及如何表现。一旦你意识到了身体在改变头脑上的力量，你就能活得更好。[25]锻炼和以身体为中心的冥想、知觉，以及学习训练身体和头脑的练习，能够帮助你获得身心的连接。我们的思考远远超出了大脑皮质。

第 11 章

绿地绿地,恢复脑力
自然环境如何让思维更敏锐

在忙碌的环境中待上一分钟就会对我们下一分钟的脑力表现造成负面影响。但是反过来也成立:在花园中待上几个小时会增加你发挥绝佳表现的可能性,哪怕当你在回到家庭办公室或商务会面一段时间之后也是如此。

第11章 绿地绿地，恢复脑力：自然环境如何让思维更敏锐

身体之上

我睡眼惺忪、跌跌撞撞地从床上起来，打开了小卧室的窗户。我向下面郁郁葱葱的花园望去，意识到我不知道现在的时间。更吓人的是，我发现自己并不在意。屋子里没有表，而且手机现在也没电了。唯一能够向我提供时间提示的就是高高挂在天空中的太阳。

不在意时间不是什么大事，度假的人在身心放松、不问世事的状态时经常会忘记时间。每年我们都要去意大利海滨村庄圣费利切奇尔切奥朝圣，我丈夫的父母在30多年前就拥有了那里的一栋避暑别墅，每次旅行的第三天我就会进入这种状态。达里奥在罗马长大，他还是一个小男孩的时候就在圣费利切过暑假，据他说，这里几乎没什么变化，特别是在科技方面。

这栋意大利家庭别墅中没有电脑，也没有笔记本能够接入的无线网络，只有在镇上唯一的网吧才能收发邮件，车程20分钟。当然，就算你到了镇上也不能保证一定能上网，因为有一半的时间网络是瘫痪的，在另外一半时间里，拥有这家网吧的上了年纪的老奶奶会出去见朋友，不做任何预先通知就闭店。简而言之，在圣费利切旅行就像是进入了无线网的深渊，在今天的世界里这种事越来越稀有，通常人们在最偏远的地区都能够上网。和邮件分离了几天，而我也失去了时间概念之后，我发现比起和外界持续互联的时候，我现在不太关心我错过的一切。

不停地查看手机确实很让人烦躁，也许损失这样的体验也不是什么值得犹豫的事，但是作为一个毕生都在研究头脑内在运作方式的科学家，我很想知道人们在远离日常生活叨扰之后会怎么样。我想知道我们的环境——从能让我们永远在线的科技到都市生活的纷繁复杂，会如何影响我们专注、做决策甚至学习新东西的能力。

最近几年，神经系统科学家已经意识到我们的环境在以一种意想不到的方式影响我们的头脑。事实上，头脑延续到了大脑实际物理皮质之外。我们的大脑不是一种任由我们差遣、用来推理或解决问题的资源。换句话说，我们应该改变我们对认知的理解和定义。

科学家不再把身体及其周遭环境看作头脑的包装或外壳。我们也不应该再把认知看作身体行动的唯一驱动力。令人震惊的新证据已经证明特定类型的身体（健康的和不爱运动的身体）以及这些身体的特定行动会对我们思维的敏锐度造成巨大的影响。而且，不仅身体本身会对头脑造成重要的影响。身体所在环境也会对思考和推理能力造成非同一般的影响。

比如，一大早就要穿梭在城市密集的交通中，或者收到十几封题目中标有"紧急"的邮件，都会降低你在接下来的会议中大放异彩的能力。无论何时，如果你的注意力被紧张局势抓住，你的思考就改变了。神经元进入危机模式。负责集中注意力的神经区稳定下来并停止了和其余大脑的有效沟通。于是大脑的不同区域——负责逻辑、记忆或专注——就很难通力合作，帮你发挥出最佳表现。[1]也许，最有趣的问题在于，这种危机模式直到紧张局势结束之后才会停止。就像我们的身体在强体力活动之后需要时间恢复一样，我们的头脑在高强度的心理活动之后也需要时间来恢复。这样的事实值得我们加以重视：在忙碌的环境中待上一分钟就会对我们下一分钟的脑力表现造成负面影响。

但是反过来也成立：在花园中待上几个小时会增加你发挥绝佳表现的可能性，哪怕当你在回到家庭办公室或进行商务会面一段时间之后也是如此。

以下是两个思考任务。拿出一张空白的纸、一支笔，然后按照下面提示的做：

1. 列出所有你能想到的砖块的用途。
2. 如果所有人突然间都不会读和写了，会发生什么？尽量多地把你能

第11章 绿地绿地，恢复脑力：自然环境如何让思维更敏锐

预见的情况写下来。

如何预测你能想到多少种不同的解决方案？你的积极性和对世界的了解可能很重要，但是当你听到另一个影响因素的时候可能会感到很惊奇：做这项练习之前你在做什么。你在解决问题的过程中都干了什么也很重要。如果你能休息一下，就更有可能想到以上问题的新颖答案。[2] 暂时远离一道谜题或一项挑战会让更多的可能性浮出水面，同时还能冲破没有希望的思维死胡同。就像是在电脑死机之后进行重启一样。退一步就能摆脱干扰，创造新视角。

我经常会在面向公司的演讲中谈到这种暂时离开的现象，演讲的主题通常是如何利用脑科学来改善我们的日常生活。暂时离开你正在从事的工作反而会增加成功的概率？人们认为这种概念违反正常人的直觉。我猜测这是因为我们会本能地避免任何让我们偏离初始目标的事，心理学家称其为"后退回避"。但是如果你仔细回想，就能轻松想到远离问题反而能帮助你解决问题的例子。

在最近的一次演讲中，一位在芝加哥市中心工作的计算机程序员盖里找到了我并跟我分享了一个故事。盖里解释说，每次当他在工作中遇到无法逾越的问题时，无论他抓耳挠腮多长时间也没用，只有在一天结束后走回他位于橡树园郊区的家时，问题的答案才会浮现出来。盖里在橡树园的奥斯汀花园站下车，这是一处位于小山坡上的风景如画的公园和自然保护区。盖里告诉我，他在穿越奥斯汀花园途中解决的编程问题比在任何其他地方解决的都要多。

神经系统科学家一直以来都知道，当老鼠试图解决问题（比如在新环境中找路）时，它们的神经元就会以新的方式放电。当老鼠停止探索，开始休息时，它们就会把这种新的放电方式转化为一种长久的体验记忆。[3] 相似的情况也可以用在人类的推理和学习上。只有当盖里休息的时候，他编程问题的解决方案才会浮现。有趣的是，提高他的思考能力的可能并不是暂时离开或者改换

环境，而是身处公园这个事实，他所经历的现象与一些科学家的杰出发现相吻合：自然会对我们的脑力造成影响。

事实证明，自然可以对我们的思维造成强大的影响。诗人、作家以及哲学家一直以来都猜想身处户外会对我们的健康和幸福感有益。与自然和谐相处是很多东方文化和练习的中心思想。太极、武术、冥想以及瑜伽的练习场所经常都是公园。在西方，国家公园每年都会吸引上百万的游客，很多想要放松身心的人都会选择去山上远足，或在沙滩上散步。从我们对度假目的地和业余活动的选择上就可以看出我们对自然的复原属性的信仰。[4]

脑科学家最近发现自然的疗效不仅会体现在身体健康上，也会延伸到心智能力上。弗朗西丝·郭（Frances Kuo）是伊利诺伊大学景观和人类健康实验室的负责人，她研究的是人类和物理环境之间的关系。她的研究证实，自然对于人类心理的影响已经超越了自然的美学吸引。郭发现了绿地和安全家居生活之间的联系。她还发现自然环境和工作记忆的改善有着紧密的关系，而工作记忆的改善会提高专注力和自制力。郭对于自然如何影响市中心生活的幸福感尤为感兴趣。当你生活贫困时，你就会注意到很多需求。"基本的关注点包括租金、水电费以及食物，这些接踵而来的挑战都需要你努力解决"，郭如是写道。[5] 安全很重要，无论是在家庭内还是在家庭外，贫穷家庭必须具备的警惕性是中产阶级和富人无法理解的。在城市中心生活需要很高的自律性，从最根本的角度上说可以归结为心理学家所说的执行控制。

执行控制是一个涵盖性术语，指的是很多认知功能的集合。认知功能包括专注力和工作记忆，这样的能力让我们把需要的想法留在意识里，把不需要的想法踢开。当我们无法成功地管理冲动时——无论是争论时的暴力反应，还是把房租赌没了，或者是屈服于自己的欲望，吃掉了我们发誓永不再碰的甜甜圈，执行控制的缺失其实是所有这些问题的背后元凶。

第11章 绿地绿地，恢复脑力：自然环境如何让思维更敏锐

在一项研究中，郭让罗伯特·泰勒之家（Robert Taylor Homes）的居民（芝加哥市中心的一处住宅区）回想他们和家庭成员之间意见不合的经历，想想他们是怎么解决矛盾的。他们能通过讲道理的方法把彼此的不同意见说出来吗？或者争执曾以身体暴力或动用武器作为结尾？

郭研究的一位罗伯特·泰勒之家的典型居民是一位34岁的非裔美国女性，她具有等同于高中毕业水平的学历。她要养活3个孩子，但是每年家庭收入还不到1万美元，她的收入来源多种多样，比如在本地快餐连锁店兼职或在附近的便利店打工。她需要不停地努力让收支平衡，而且在如此紧张的环境中让家庭气氛保持平和也很难，她必须要具备强大的执行控制力。

有一些罗伯特·泰勒之家的居民住在相对绿色的高层公寓建筑中，也就是说他们的窗外有树和草构成的景色，而其他生活在相对荒芜环境中的居民，他们窗外的景色是一片空旷的停车场。郭推测人们在窗外看到的景色可能会对他们在家庭中管理紧张因素的能力有着实质性的影响。她发现人们在窗外看到的绿色越多，家中发生的攻击性行为和暴力事件就越少。

在20世纪60年代早期，当罗伯特·泰勒之家初次建成时，28座高层建筑周围的综合设施中都种有灌木、树以及草地，这种设计为该居民区带来了一些典型的郊区社区特色。随着时间流逝，很多绿地都被毁掉了，为了降低维护成本而铺上了水泥路。但是残留下来的斑驳绿地仍然对居民的家庭产生着积极的影响。

在窗外能看到绿地真的会减少暴力的发生吗？或者应该反过来说，难道更加温和的家庭才能被分配到更加绿色的建筑中？郭相信前者属实，因为当人们向芝加哥房屋委员会申请在全市17个住宅区安置时，他们无法决定自己将会被安排在某个小区的具体位置。正如郭所指出的那样，中央办公室的办事员处理所有的房屋分配，其中涉及4万个居民在1500栋城市建筑中的居住。没有

哪位官僚能记得这么多建筑的特点，更别说依据这些特点来分配公寓了。

郭还测量了居民的执行控制力，特别是他们的工作记忆容量。工作记忆大部分由前额叶皮质负责，也就是位于眼睛上方的大脑最前端。前额叶皮质才是让人类区别于动物的部位。人类的前额叶皮质不仅比相似体型的灵长类动物大，而且占大脑的比例比任何其他动物都要大。前额叶皮质让我们具有很多独特的心理能力，其中包括自制力和管理情绪的能力。你的前额叶皮质和它负责的工作记忆越强大，你在控制情绪方面做得就会越好。

郭发现能看到自然景观的居民在工作记忆的测试中得分更高。工作记忆容量越大，人们在家中体验到的暴力就越少。即使是窗外有一小块自然环境都会让你的工作记忆变得更好并且拥有管理自己情绪的自律性，从而有效地处理家庭中发生的争执。

绿地的好处无处不在。宿舍外面大部分都是自然景色的大学生，相对于那些居住在相同宿舍但窗外是其他建筑物的大学生，工作记忆和专注测试的成绩都更高。[6] 和罗伯特·泰勒的居民相类似的是，大学生也无法选择他们居住的具体位置。他们可能可以指明对于校园某个区域的偏好或者指定某处宿舍楼，但是他们通常无法选择具体房间。所以，并不是更具有专注能力的大学生选择了更加绿色的景色，而是景色影响了大学生的专注能力。

郭的研究证明，只要置身于自然，甚至从室内望向外面的点点绿色，都能促进工作记忆，帮助我们集中注意力把工作完成。

对于注意缺陷多动障碍（ADHD）的患儿家长来说这绝对是个好消息，因为 ADHD 的标志是注意力缺陷问题，而该问题的核心就是工作记忆的损伤，该损伤会让孩子无法控制自己的冲动和行为。[7] 如果多接触绿地能够促进工作记忆的话，那么亲近自然应该能够帮助抑制某些 ADHD 的症状。真实情况似乎也是如此。研究发现，在绿色环境中参加活动之后（相对于参加室内活动甚

第11章 绿地绿地，恢复脑力：自然环境如何让思维更敏锐

至城市户外活动），ADHD 的患儿家长认为孩子表现得比平时更好了。[8]

甚至最早的心理学家也认识到了自然能提高脑功能。在 19 世纪晚期，威廉姆·詹姆斯（William James）区分了两类注意力。环境中的特定元素可以轻易吸引人，并且会抓住非随意注意力——"奇怪的东西、移动的东西、野生动物、明亮的东西"，詹姆斯如是说。[9] 对于那些不会轻易吸引我们注意力的情况，我们会执行随意注意力或定向注意力。科学家把定向注意力——专注能力的核心——比作一块会随着时间而磨损的脑部肌肉。当我们被自然环绕时，我们的周遭环境（无论是美妙的鸟鸣声还是壮丽的日出景象）会吸引我们的非随意注意力，于是我们的定向注意力（由工作记忆组成）就有时间休息和恢复。如果我们永远都不让定向注意力休息，它就会损坏。

身处于疯狂的城市环境当中，你会得到相反的效果。无论你是否愿意，城市中到处都有吸引你注意力的事物：即将撞向你的汽车的喇叭声、快递员的门铃声、人行道井盖打开后的警报声、购物车发出的咯咯声以及挡在你前面的婴儿车。你需要定向注意力帮你时刻保持清醒，抵御广告劝你购买不需要的商品的诱惑。简而言之，城市生活环境对人的复原效果比自然生活环境少得多。

苏格兰爱丁堡建筑环境学院的研究者让志愿者步行穿过建筑环境和自然景观，这些志愿者同时还佩戴了移动 EEG 设备来捕捉他们的脑电波。研究者发现当人们从城市走到绿地时，他们与激动和忙碌有关的大脑活动模式减少了（也就是定向注意力减少了）。[10] 与詹姆斯对于自然的观察相类似，当人们穿越公园时，相对于在城市忙碌的街区中行走，他们的大脑从某种程度上说更加安静了。

密歇根大学的斯蒂芬·卡普兰（Stephen Kaplan）教授为詹姆斯对于自然的观察进行了命名：注意力复原理论。[11] 通过一系列精心设计的研究，他和他的同事马克·伯曼（Marc Berman）和约翰·乔耐德（John Jonides）证明了詹

姆斯的观点。在一项研究中，他要求学生进行定向注意力的测试。首先学生需要听随机排序的字母并记忆下来，然后再倒着背出来。一位实验员会坐在他们身边并记下答案。这类任务非常困难，因为你需要不停把事物从你的注意力中拿进拿出。

然后，研究者要求学生去散步50分钟，要么在安阿伯植物园中散步，要么在安阿伯市中心散步。学生无法选择去哪里散步。两种散步方式都是2.8英里长，事前就规划好，而且每个人都戴着一块GPS手表来确保他们走的路线是正确的。植物园中的大部分路线都是绿树成行，与交通和人流分隔开。与之相对的是，在市中心散步的人要经过交通拥堵的休伦街，街的两侧都是大学和办公楼。等到学生都回到实验室之后，他们又完成了一次计算机任务。

接下来，一周之后，学生又回来重复了整个过程，但是这次他们散步的环境是他们最开始没有走过的。结果很清晰。当学生在安阿伯植物园散步后，他们在定向注意力测试中的成绩比散步之前提高了。而在安阿伯市中心散步的学生成绩却没有提高。看来有些环境就是能让人们发挥出更好的表现。

事实上，你不用去树林中散步也能获得自然的脑力福利。在另一项研究中，卡普兰和他的同事发现只要花上10分钟时间（没错，只要10分钟）欣赏新斯科舍㊀的风景画就能提高专注力（相对于观看安阿伯、底特律和芝加哥的城市风光图）。就像郭发现窗外的绿色可以提高认知能力一样，凝视自然风景画也能提供相同的好处。

专注的能力非常重要，因为专注可以让人们在精神上做好准备，为一项任务付出持久的努力并取得进展。通过适当地利用非随意注意力，让定向注意力获得休息，我们就借助自然复原了认知过程，而这样的过程对于发挥出最好表

㊀ 新斯科舍（Nova Scotia）加拿大东南部省，省会哈利法克斯。——译者注

现来说是至关重要的。这个新研究告诉我们自然的功效并不只是平静或静止。自然会适当地捕捉我们的非随意注意力，从而让我们大脑的其余部分得以休息，这种休息会对我们的机能造成巨大的影响。

与自然互动可能对于心情沮丧的人来说最为有效。相比于健康的人，表现出抑郁症状的人在自然中散步会获得更大的工作记忆改善。在自然中散步后情绪也会变好。甚至忧心于癌症、医疗以及寿命的乳腺癌患者，都会在与自然亲密接触后获得认知能力的提高。抑郁和重病所带来的精神疲劳也可以通过接触自然环境而得到缓解。[12]

城市生活

人类是在自然中进化的，我们在自然中似乎也得到了兴旺发展。但是据估计，到了2050年，69%的世界人口都会居住在城市里。无法否认，城市生活有很多不错的方面，比如获取卫生保健资源、食物以及其他服务都更容易（至少对于某些人来说），但是城市生活也有弊病。从社交角度上说，城市生活很紧张：无论是竞争进入最好的学校还是排队去最好的餐馆，或者努力找到合适的住房或者只想找一个停车位，在城市环境中生活的人一直都在和他人竞争获得有限的资源。

科学家推测城市生活中的战斗会改变人的头脑，而且未必是好的改变。科学家在元分析中聚合了上百个研究中的结果，证明比起居住在人口较不密集区域的人，城市居民罹患焦虑症的风险会增加20%，而罹患情感障碍的风险会增加40%。更令人震惊的是，在城市中出生和长大的人患有精神分裂症的概率比其他人高出一倍。简单说来，生活在少有绿地的城市区域的人一般来说精神压力更大，而幸福感更低。当然，城市化和精神健康之间的联系并不一定说明城市生活本身是个问题，也可能存在其他影响城市生活方式的因素同时也造成了精神健康问题。但是包括德国海登堡大学的安德里亚斯·迈耶-林登贝格（Andreas Meyer-Lindenberg）在内的一些科学家认为已经有足够的证据表明城市生活本身造成了这些损害。拿精神分裂症来说，迈耶-林登贝格指出这种大脑障碍的出现有着强烈的剂量反应关系㊀，也就是说你在城市中生活时间越长，你就越有可能罹患精神分裂症。如果不把城市本身归咎为驱动因素，那么就很难解释生活在城市中的时间长短和罹患精神分裂症概率之间的系统性关系。

几年前，迈耶-林登贝格和他的研究团队开始研究城市化和大脑之间的关系。[13]科学家邀请了各种背景的志愿者——有一些在大城市中出生长大，其他人则生活在小镇上——来做大脑扫描。在扫描过程中，志愿者做了一些极难的数学题，目的在于逐渐升高某种城市生活特有的压力。他们的平均分数在25到40之间。志愿者头上戴的扫描仪中含有耳机，所以他们能够听到研究者苛责他们的成绩、说他们做得一塌糊涂的声音。

如果有人不停地告诉你，你搞砸了，对于大多数人来说，肯定会引起社交焦虑，而研究中的受试者的皮质醇水平在他们完成数学题之后也表现出了突然的大幅度增长。更让人惊讶的是，迈耶-林登贝格和他的同事发现当志愿者被研究者斥责时，那些现在生活在城市中的人的杏仁核活动增加了（相对于居住在小镇和农村的人）。在上一章我们提到过，杏仁核是情绪的主要负责区域，它具有很多功能，其中包括发送环境威胁信号。杏仁核还和焦虑症、抑郁以及暴力倾向有关——所有这些情况在城市中都相对更多。杏仁核的活跃度增加经常和不快的情感经历同时出现。简单说来，在城市环境中生活对应着更高的社会压力敏感度。

㊀ 剂量反应关系(dose-response relationship)指的是药物的剂量与效果之间的关系。在一定范围内，药物的效果随着剂量增加而增强，但并不是始终保持平行关系。——译者注

第11章 绿地绿地，恢复脑力：自然环境如何让思维更敏锐

研究者发现参与者在哪里长大也和他们的反应有关：生活地区的人口越密集，他们的前扣带回皮质在紧张的环境中就越活跃。就像杏仁核一样，ACC也高度参与情绪反应。ACC确实在理解感情方面和杏仁核紧密合作，但是ACC还有另外一个功能：一旦出现特殊状况，它会发射神经警示信号，让大脑的其他部分知道有东西出错了。那些在城市中长大并且现在仍然居住在城市中的人在应对诱导压力时，表现出了最高的杏仁核和ACC活跃度。

为了确保结果并非侥幸获得，迈耶-林登贝格和他的同事在另一组新的志愿者身上重新进行了这个实验。他们甚至还略微调高了社交压力的强度：在志愿者做数学题的整个过程中，他们可以通过视频看到一个不悦的研究者看着他们笨拙地做题。这次志愿者不仅要听人苛责他们的失败，他们还要看着他，每次他们做错题他就会愁眉深锁。第二组也是同样，在紧张情况下城市生活跟杏仁核活动和ACC活动增加有关。

怀疑主义者可能会说这些发现和社交压力无关，而和人们必须带着扫描仪从事艰难的认知活动（解决数学问题）有关。可能城市居民只是在完成困难任务时在大脑情感网络中表现出了更高的活性而已。但是研究者也考虑到了这种问题，他们在志愿者只是完成数学任务时（没有不悦的实验者）也扫描了他们的大脑。在没有社交压力的情况下，城市生活和大脑活性之间的联系消失了。

有趣的是，杏仁核和ACC并不只和压力有关，它们也和我们的社交网络大小有关。这些脑区越大，我们的社交网络就越大越复杂。因为杏仁核和ACC是负责情感反应的主要区域，所以它们处于负责社交的大脑网络核心也是理所当然的，杏仁核和ACC让我们认识到某人是陌生人还是认识的人，是朋友还是敌人。

或许城市生活和随之而来的多样化社交活动让城市居民获得了能够处理复杂情况的更大的脑设备。如果真是这样，这种现象就和"社会化大脑假说"吻

合了，这个学说认为随着进化，在更大、更复杂的社会群体中生活会导致选择偏移，进化会倾向于具有更高社交计算能力（比如学会谁是谁以及记忆人脸和关系的能力）的更大脑区。

在不同种类的灵长动物中，那些生活在更大社会群体中的物种有着相对更大的杏仁核，即使在控制了整体身体大小和大脑大小的情况下也是如此。当然，具有更好的社交脑力的人可能会迁徙到社交活动遍布的城市环境中。无论如何，更大的脑设备出现故障的风险也会更高。因为城市居民不断地利用该脑区来处理他们经常遇到的艰难社交情况，所以此脑区也有可能会停止既定工作方式，在温和的压力下也变得过于敏感。

我们和其他人的交互不仅影响我们对紧张情况的反应，还会影响我们对于自己解决问题能力的感受。在几章之前我提到过，当我们身体状况不佳时，能量欠缺的情况会影响我们对不同活动的困难度估计。当被问及一座山有多陡峭时，身体状况不佳或背着很重的背包的人会把坡度看得更陡。我们用从身体获得的信息来估算上山需要耗费的气力，我们还用同样的信息来判断物理特性。当我们心力交瘁时——经历了紧张的互动，比如打架、争论，或想到曾经背叛过我们或让我们失望的人，同样的情况也会发生。如果有朋友在身边，或者仅仅是想到支持我们的朋友，都能改变我们对挑战难度的估计——当人们有朋友相伴时，他们判断的山的陡峭程度和翻越难度都会更低。

但是，这种友谊的力量取决于关系的质量。你认识这个人的时间越长、越亲密，你们之间的人际温暖就越强大，离你的朋友越近或仅仅是想到他都会降低山的威慑力。如果你想到了让你感觉很矛盾的人，你就会认为山陡峭而危险。[15]

对于物理世界的感觉并不是仅仅由环境本身来决定（比如山的真实陡峭程度），也由逾越空间或脱离处境所需的能量来决定。当我们的身体资源已经耗

第11章 绿地绿地，恢复脑力：自然环境如何让思维更敏锐

尽（由于年龄、疲劳等），山就看起来更高；当我们心力交瘁时，情况也是一样。但是当我们有朋友在身边时，情况就改变了。社交支持会改变我们的想法并且降低我们对任务难度的判断。社交支持还会减少应对压力的生理反应。比如，当你有朋友陪伴时，心脏应激反应——经常由具有挑战性的智力测试引发——比起你孤身一人时要小。

社会支持能改变我们对物理挑战的看法，也就是我们对于包容和快乐的感觉能够渗入并影响我们对面前的物理挑战的感受，这个概念同时也支持以下观点：抑郁是一种无力改变物理世界的状态。抑郁确实经常和习得性无助有关，在这种现象中，人们（和其他动物）感觉自己对某种情况或结果失去控制，所以他们停止了努力。当你心理上感觉无助时，物理挑战（比如起床）就变得比实际上更难。也许帮助抑郁的人动起来，能帮助他们减少抑郁。

改变身体的移动方式是一种解决方案。就像我们在第1章中见到的，接受肉毒杆菌治疗的人无法轻易做出皱眉的表情，所以比起没有面神经瘫痪的人，他们表现出了更少的抑郁症状，在理解负面信息方面也更慢。如果我们可以鼓励抑郁的人动起来，并做出相悖于他们心理生活（感到缺乏控制）的行为，他们可能会在心理上感觉更好。当人们感觉他们无法通过努力让自己的生活回到正轨上时，努力迈开腿可能才是真正有益的。我们的大脑并不总能区分生理行动和心理情绪，所以体验生理上的控制应该会增进心理控制的感觉。

感觉抑郁或悲伤经常被描述为感觉消沉或低迷。最近的研究指出比起那些没有体验负面情绪状态的人，抑郁的人更愿意把自己的注意投向视觉空间的下方。向上看或站直的举动正好可能帮助减轻抑郁的症状。[16]

鼓励心情沮丧的人想一想他们的身体可以做出不同的动作，可能也会有帮助。有一项研究以在奥运选拔赛和奥运比赛中"呛着"过的加拿大游泳运动员

为对象，该研究支持了这种想法。当加拿大队的体育心理学家哈普·戴维斯（Hap Davis）和一组神经系统科学家使用功能磁共振成像来窥测这些游泳运动员的大脑时，运动员正在观看他们输掉比赛的视频，研究者发现大脑重要运动区域（用于行动）的活动降低了。他们还看到了很多出现在大脑情感中心的、和焦虑有关的活动。但是当体育心理学家和运动员一起努力，试图让运动员在未来游泳时增加控制感——思考他们在下一次大型比赛时具体如何让身体做出不同的动作（更流畅的划水动作或快速脱离阻截），他们的大脑就会表现出更少的负面情感中心活动和更多的运动区活动，而要想发挥出最佳表现，运动区的活动是必不可少的。[17]

思考我们在生理上如何修改失败体验，可以提高我们对下一次比赛能否成功的信心。

☆　☆　☆

我们的身体和周围环境对我们的思考、推理、行动，以及体验情绪和感觉的方式造成了无法想象的影响。从我们扭脸的方式，到我们做出的手势，再到我们拿的是热饮还是冷饮，这些信号的走向并不是单向的——从头脑到身体。身体向头脑发送的信息也同样重要。在学校里、工作中以及亲密关系中，我们的动作会对我们的思维造成巨大的影响。无论我们是选择在周末和朋友们在高尔夫球场一争雌雄，还是选择在黄金时段观看最喜欢的NBA球星大灌篮，大脑模拟动作结果的能力区分开了单纯的观察者和身临其境的人。

我们的头脑总是在回放、理解以及预测周围世界发生的事。所以休息一下，我们就可以轻松让大脑焕发青春。确实，在意大利的一周里，我穿行于茂密的别墅花园，忽略手机和邮件，并且脱离了快节奏的都市生活，我总是感觉自己更健康了。无论是在生理上还是心理上。直到几年前，我都没有注意到这

第 11 章 绿地绿地，恢复脑力：自然环境如何让思维更敏锐

样的心理转变。也许这也没有什么好奇怪的，因为作为一位科学家，我接受的训练一直都告诉我，心智是脱离身体而存在的。但是我的想法已经改变了。我不再把头脑和身体看作独立的存在，也不再把头脑视为运行在身体硬件上的软件。现在我已经意识到，我的思考超出了大脑皮质，而我可以利用身体来确保头脑在以它最好的状态运转着。

结 语
用身体来改变头脑

结　语　用身体来改变头脑

身体对头脑有着巨大的影响。无论是在学校学习，在工作中发挥创造力，还是在比赛场或舞台上取得成功，有无数的例子可以证明生理体验影响着我们的思考。现在我们知道头脑和身体之间的联系并不是单向的。你可以利用自己的身体、动作和周遭环境来改变你的想法以及你周围人的想法。

以下是关于身体力量的扼要重述。

把身体作为让你感觉更好的工具

- 你的面部表情会改变你的内在感受，甚至影响你对压力的反应。换句话说，脸的作用并不仅仅是表达你的内在感受；你的脸也在影响你在大脑中记录的情绪。当你微笑时，你会感觉更快乐，并且能更快地从痛苦的经历中恢复过来。大笑似乎也能提供积极的心理影响。看来那句老话"微笑着忍受痛苦"确实有些道理。

- 你的身体和大脑有着直接的联系，你的身体对你的心理健康和幸福感也有着强大的影响。也正因为如此，身体上的疼痛会影响你对心理痛苦和社交拒绝的解读。相反的情况也成立：抑郁的人体验到生理疼痛的概率比心理健康的人高。更令人震惊的是，服用泰勒诺不仅会缓解生理疼痛，还可以减轻由孤独和拒绝产生的心理痛苦。

- 你站立的姿势可以改变你的心境。用"有力姿势"站立，哪怕只有几分钟，也能增加你的心理力量感，并且增加你去冒险的意愿。从另一方面说，你的身体姿势也会为别人提供关于你的感受的线索。一个瘫倒的姿势会让别人认为你失败了。你的姿势可以作为工具，帮助你给人留下好印象。

- 身体不是执行大脑命令的被动设备。你的身体会发送微妙的信号

- 来影响你的决定。如果商店货架上的东西更好拿、更好带，你就会更喜欢它们。与此相似的是，长久以来在弯曲手臂和获得满足之间形成的联系意味着当你在商店弯着手臂挎着购物篮时，你就更有可能会屈服于欲望，购买收银台附近的糖果棒。

- 从童年到成年，生理温暖和心理温暖都是紧密相关的。当你感到温暖时，你就会更容易相信别人，当你在社交中被冷落或拒绝时，你就容易感觉寒冷。从冷热饮到气候，都会让你重新认识温度的力量。

- 我们从生理上理解道德。当我们做了坏事时，冲个澡会让我们感觉更好。我们相信自己能洗掉罪恶，也能洗掉好运。问一问不敢洗自己幸运袜子的运动员你就会知道。

- 失败会让你认为自己陷入了无法摆脱的困境。有一项研究让你知道你能改变这一点，该研究的对象是对自己的失败表现感到沮丧的运动员。只要想想下一次你会做出什么样不同的举动，比如以某种具体的方式改变形式或技巧，就能提高你对下一次成功的信心。

把身体作为帮助自己思考的工具

- 无论是在婚礼上敬酒还是对客户宣讲，你可以利用动作和手势来帮助自己记忆台词，因为动作能够让你的记忆更持久。你可以把拿起酒杯的练习作为敬酒的排练或者把有意义的手势加入到演讲中。这样的话，当所有眼睛都盯着你看，而你需要记住自己要说的话时，你的身体姿势就会帮你完成一些记忆工作。动作也可以作为有效的检索工具帮你重拾遗忘的想法。

- 当你在工作、生活甚至重要考试中遇到无法解决的问题时，不要约束你的身体，因为约束身体也会让你的想法受到束缚。在房间内随意走动甚至在两手之间移动保定球都可能帮你把平时看似不相关的想法联系起来。特定类型的动作事实上可以让相距甚远的想法形成关联。

- 忘却一个你无法解决的问题可以增加你成功的概率。暂时离开一道难题或一个挑战可以增加新解决方案浮出水面的概率。就像重启电脑可以帮你摆脱暂时的故障一样，暂时离开问题可以冲破思考的死胡同。

- 手势不仅仅是用来交流信息的，也能帮助解放脑力。用指尖表示信息（比如，在你的演示中始终要出现的三个要点）意味着你的头脑可以少记忆一些信息。当你想到一个复杂的问题时，手势还有精神便笺本的作用。在面前的空间用手来表示三维结构、分子或地图，可以帮你和其他人把事情看得更清楚。

- 作为一个成年人，学习一门新语言可能很困难，特别当别人讲母语时，句子甚至段落都融合在了一起，听起来就像是一个超长的词。你在理解外语发音时感到困难的原因之一在于，你没有亲自进行充分的嘴部运动发音练习。因为高中橄榄球运动员亲自打橄榄球比赛，所以他们很擅长解读他们最喜欢的NFL球员在场上的动作，与此相似的是，用自己的嘴发声能帮你理解别人相同的嘴部动作。

- 需要穿上运动鞋的理由吗？健身可以提高从少年到老年的思考和推理能力，还能提升创造力。短时间的有氧运动，就能帮助你以崭新且不同寻常的方式来思考问题。下次陷入僵局时，就动起来吧。

- 冥想可以改变你的思维。研究证明，冥想可以缓解焦虑和慢性疼痛，甚至减少强迫性精神障碍的症状。你不需要用几个小时来冥想也能享受到冥想的好处。有一种相对较新的冥想练习叫作整体身心调节法，该方法已被证明可以在区区 11 个小时的练习后改变大脑。短时间的 IBMT 可以提高自制力——对于想要控制自己欲望（比如吸烟）的人来说，这绝对是一个福音啊。

- 你的专注能力之所以很重要，是因为它能让你做好准备，专注于一项任务。置身于自然之中，甚至观看自然都能帮助你磨炼专注的技巧，并提升你的思考力。

利用身体来培养头脑

- 婴儿通过身体来探索和了解世界。他们在生命早期做出的动作（甚至在一岁以前）可以用来预测他们后来的学术成就。这就意味着父母的关注点不应该仅仅局限在认知发展指标上，也应该关注运动发展指标。

- 长时间使用学步车的婴儿在无人辅助的情况下学习走路会更困难，因为他们习惯于有人或物支持他们的重量。甚至戴着尿不湿都会阻碍正常的行走。因为运动发育和认知发育是相连的，所以婴儿应该尽可能多地在什么也不穿的情况下到处跑。

- 体育活动可以帮助儿童学习阅读和解决数学问题。手写字母可以让负责阅读的脑区发动起来。练习钢琴可以提高手指灵活度、计算能力以及数学技巧。让孩子把读到的故事表演出来可以提高他们的阅读理解能力。玩积木对于学习有好处，但是当教具能和孩子们解决的具体问题建立联系时，教具的有益学习效果就能发挥到最大。简单来说，我们的动作能辅助我们的思考。玛利亚 蒙特梭利说得没错：身体是学习过程的重要组成部分，如果你知道如何利用身体的话。

把身体作为理解他人体验的工具

- 急切的粉丝行为（和电视里的四分卫一起摇摆）可能是粉丝的运动皮质随着运动员一起参加比赛的结果。亲自打过比赛会让你在预测传球或射门是否成功时拥有真正的优势。比赛经验会帮助你在头脑中预演可能的结果。

- 虽然我们知道故事不是真的，但是我们在观看悲情电影时还是会流泪，因为我们对剧中人物产生了共情，他们经受的试炼和苦难就像是我们自己也体验到了一样。这种过程会激发很多负责体验疼痛或悲伤的神经回路。我们的神经硬件并不总能区分我们看到的和我们体验到的。这就是为什么年轻的医生需要努力将感情从情境中抽离。自我和他人的融合经常会发生，只有通过努力和练习才能把两者分开。

- 无论你是否决定在远足或跑步中再多爬一座山峰，你的决策都被你的身体所左右。身体状况不佳的人眼中的山更陡峭。而心力交瘁的状态也会造成类似的效果。好消息是，有朋友在身边——或者只是想到支持我们的朋友——就能改变你对身体挑战困难度的判断。当有朋友相伴时，你会认为山没有那么陡峭，而你很有可能会选择迎接这个挑战。

- 人们所交流的内容的细节显现在词语中、脸上，以及手上。手势会揭示一位演讲者对自己所说的内容的想法，哪怕他自己并没把这些情绪放进词语中。右撇子喜欢用右手表示自己喜欢的东西，左撇子则喜欢用左手。扑克玩家的动作会出卖他的牌的质量。无论你说话时是否做手势，把一张协议推到桌子的另一边，甚至握手的动作都会反映你的脑子中在想些什么。

- 所有你花在键盘上的时间都在改变你的思考方式。你的表达和你打字的难易程度有关。因为人们喜欢做容易完成的事，所以更喜欢容易输入的词。这就是为什么LOL一直很火，也因为如此，新生儿的名字自从家庭电脑普及之后就变成键盘右侧字母居多了。

- 现如今，面对面的会议正在被视频会议或电话会议所取代。虽然虚拟交流可以提供一些好处，但是在身体上和某人接近会让你们在心理上也更加连通，身体上的距离会导致心理上的距离。所以你可能需要减少依赖虚拟工具，至少在面对最为敏感和重要的交流时应该如此。

社会与人格心理学

《感性理性系统分化说：情理关系的重构》
作者：程乐华

一种创新的人格理论，四种互补的人格类型，助你认识自我、预测他人、改善关系，可应用于家庭教育、职业选择、企业招聘、创业、自闭症改善

《谣言心理学：人们为何相信谣言，以及如何控制谣言》
作者：[美] 尼古拉斯·迪方佐 等　译者：何凌南　赖凯声

谣言无处不在，它们引人注意、唤起情感、煽动参与、影响行为。一本讲透谣言的产生、传播和控制的心理学著作，任何身份的读者都会从本书中获得很多关于谣言的洞见

《元认知：改变大脑的顽固思维》
作者：[美] 大卫·迪绍夫　译者：陈舒

元认知是一种人类独有的思维能力，帮助你从问题中抽离出来，以旁观者的角度重新审视事件本身，问题往往迎刃而解。
每个人的元认知能力是不同的，这影响了他们的学习效率、人际关系、工作成绩等。
借助本书中提供的心理学知识和自助技巧，你可以获得高水平的元认知能力

《大脑是台时光机》
作者：[美] 迪恩·博南诺　译者：闾佳

关于时间感知的脑洞大开之作，横跨神经科学、心理学、哲学、数学、物理、生物等领域，打开你对世界的崭新认知。神经现实、酷炫脑、远读重洋、科幻世界、未来事务管理局、赛凡科幻空间、国家天文台屈艳博士联袂推荐

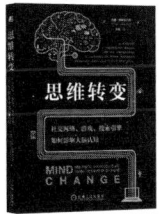

《思维转变：社交网络、游戏、搜索引擎如何影响大脑认知》
作者：[英] 苏珊·格林菲尔德　译者：张璐

数字技术如何影响我们的大脑和心智？怎样才能驾驭它们，而非成为它们的奴隶？很少有人能够像本书作者一样，从神经科学家的视角出发，给出一份兼具科学和智慧洞见的答案

更多>>>

《潜入大脑：认知与思维升级的100个奥秘》　作者：[英] 汤姆·斯塔福德 等　译者：陈能顺
《上脑与下脑：找到你的认知模式》　作者：[美] 斯蒂芬·M.科斯林 等　译者：方一雲
《唤醒大脑：神经可塑性如何帮助大脑自我疗愈》　作者：[美] 诺曼·道伊奇　译者：闾佳

脑 与 认 知

《重塑大脑,重塑人生》

作者:[美]诺曼·道伊奇 译者:洪兰

神经可塑性领域的经典科普作品,讲述该领域科学家及患者有趣迷人的奇迹故事。

作者是四次获得加拿大国家杂志写作金奖、奥利弗·萨克斯之后最会讲故事的科学作家道伊奇博士。

果壳网创始人姬十三强力推荐,《最强大脑》科学评审魏坤琳、安人心智董事长阳志平倾情作序

《具身认知:身体如何影响思维和行为》

作者:[美]西恩·贝洛克 译者:李盼

还以为是头脑在操纵身体?原来,你的身体也对头脑有巨大影响!这就是有趣又有用的"具身认知"!

一流脑科学专家、芝加哥大学心理学系教授西恩·贝洛克教你全面开发使用自己的身体和周围环境。

提升思维、促进学习、改善记忆、激发创造力、改善情绪、做出更好决策、理解他人、帮助孩子开发大脑

《元认知:改变大脑的顽固思维》

作者:[美]大卫·迪绍夫 译者:陈舒

元认知是一种人类独有的思维能力,帮助你从问题中抽离出来,以旁观者的角度重新审视事件本身,问题往往迎刃而解。

每个人的元认知能力也是不同的,这影响了学习效率、人际关系、工作成绩等。

通过本书中提供的心理学知识和自助技巧,你可以获得高水平的元认知能力

《大脑是台时光机》

作者:[美]迪恩·博南诺 译者:闾佳

关于时间感知的脑洞大开之作,横跨神经科学、心理学、哲学、数学、物理、生物等领域,打开你对世界的崭新认知。神经现实、酷炫脑、远读重洋、科幻世界、未来事务管理局、赛凡科幻空间、国家天文台屈艳博士联袂推荐

《思维转变:社交网络、游戏、搜索引擎如何影响大脑认知》

作者:[英]苏珊·格林菲尔德 译者:张璐

数字技术如何影响我们的大脑和心智?怎样才能驾驭它们,而非成为它们的奴隶?很少有人能够像本书作者一样,从神经科学家的视角出发,给出一份兼具科学和智慧洞见的答案

更多>>>

《潜入大脑:认知与思维升级的100个奥秘》 作者:[英]汤姆·斯塔福德 等 译者:陈能顺
《上脑与下脑:找到你的认知模式》 作者:[美]斯蒂芬·M.科斯林 等 译者:方一雲
《唤醒大脑:神经可塑性如何帮助大脑自我疗愈》 作者:[美]诺曼·道伊奇 译者:闾佳